つながる！ 基礎技術 # IoT入門

コンピュータ・ネットワーク・データの基礎から開発まで

博士（工学） 渡辺 晴美
博士（情報科学） 今村 誠【編著】
博士（工学） 久住 憲嗣

コロナ社

編著者・執筆者一覧

【編著者】

渡辺　晴美（東海大学 情報通信学部 組込みソフトウェア工学科） 0，4章
今村　　誠（東海大学 情報通信学部 組込みソフトウェア工学科） 5章
久住　憲嗣（九州大学 工学部 電気情報工学科） 10章

【執筆者】（50音順）

石田　繁巳（九州大学 大学院システム情報科学研究院） 1章
大川　　猛（東海大学 情報通信学部 組込みソフトウェア工学科） 3章
小倉　信彦（東京都市大学 メディア情報学部 情報システム学科） 6章
汐月　哲夫（東京電機大学 未来科学部 ロボット・メカトロニクス学科） 7，8章
菅谷みどり（芝浦工業大学 工学部 情報工学科） 11章
松浦佐江子（芝浦工業大学 システム理工学部 電子情報システム学科） 9章
松原　　豊（名古屋大学 大学院情報学研究科 情報システム学専攻） 2章
三輪　昌史（徳島大学 大学院社会産業理工学研究部） 12章
元木　　誠（関東学院大学 理工学部 理工学科 情報ネット・メディアコース） 7，8章

（所属は2019年11月現在）

ま え が き

この本を手にとった皆さんはIoTという言葉を一度は耳にしていることだろう。IoTはInternet of Things，すなわちモノのインターネットの略であるが，わかりにくいという印象を持つ方もいらっしゃるだろう。さらに，関連技術は急速に広がりさまざまな用途で使われるようになったため，その定義も曖昧である。とはいえ，「モノとモノがネットワークでつながり，サービスを提供するシステム」という意味を持つことは，広く共有されているように思われる。

われわれの生活はすでにIoTに囲まれている。例えば，最近の天気予報は，人工衛星画像を気象予報士が分析するだけではない。人工衛星画像や百葉箱に加え，街頭に設置されているセンサ，スマートフォンのお天気アプリ，SNSから得た情報を得て，総合的に判断し，天気予報となる。この例の場合，「モノのインターネット」の「モノ」にあたるのが，人工衛星，百葉箱，センサ，お天気アプリであり，これらがインターネットでつながり，一つのサービスである天気予報となる。このように複数のモノがつながりサービスを提供するシステムがIoTである。

IoTなどの情報通信技術が進化するスピードは速く，その進化とともに，ディジタルトランスフォーメーション等のさまざまな言葉が日々登場する。IoTも，すぐに廃れる言葉と言われることもあるが，その登場は意外と古く1999年である。また，IoTという言葉はシンプルゆえに新たな技術の中心的な意味をなしている。

IoTが普及した現在，それ以前とは明らかに異なるサービスを，われわれは情報通信技術から得るようになった。スマートフォンとSNSの普及に伴い，爆発的につながることでのサービスが多様化した。例えば，天気予報，交通情報等の従来からあるサービスの質の向上に加え，仮想通貨などの新たなサービスが登場した。IoTが登場する前の情報通信技術は，人の仕事の代わりを担い，効率的に作業することが目的だった。IoTの登場により，モノの使われ方が把握できるようになり，人の生活を豊かにすることを目指すようになった。

さらに，この変化により，情報通信技術を構築するために学ぶべき学問も変化しつつある。したがって，IoTというキーワードは消え失せる可能性があるにしても，そのキーワードを中心に学習を進めることの意義は大きい。IoTを構築するためには，基礎となる学問分野を理解する必要がある。名前のとおり，まずはインターネットとモノの技術ということになるが，それではサービスを生み出すことはできない。また，モノは多様で複雑であり，学問分野は多岐にわたる。IoTの特徴として，「つながる」，「サービス」が際立っていることから，ネットワークやサービスに議論が集中しがちではあるが，他の分野も同程度に重要である。

述べるまでもないが，関連あるすべての分野を理解することは困難である。実際，一つの製品には，さまざまな分野の専門家が多数携わり協力して開発が行われる。また，専門としている分野のみの知識ではつなげることは難しい。そこで，T 型，すなわちシステム全体を見通せる横断的で広い知識，軸となる専門分野を身につけることが理想的であるが，「なにをどこまで」学習するのかということが問題となる。その点に対し，われわれは，大学の実験や卒業研究でつくることのできる技術に着目し，モノづくり教育を実践している教員で，本書を執筆した。

したがって，本書のテーマは「IoT をつくるために考える」であり，各章は，その視点から IoT を構成する技術や，つくり方に関する技術について紹介する。各章のはじめに，キーワードをあげているので，その章でどのようなことを学ぶのかについて注意して読み進めてほしい。本書で学べる内容は，IoT を構成する技術を学ぶための第一歩にすぎない。今後，各分野を深掘りし，さらにもう一つの分野を探求し，T 型すなわち「広い知識＋軸となる専門の知識」を身につけてほしい。

なお，本書に掲載しきれなかった章末問題解答（補足）や実験教材などをコロナ社 Web サイト（https://www.coronasha.co.jp/np/isbn/9784339029000/）に掲載した。ご活用ください。

2019 年 11 月

執筆者を代表して　渡辺　晴美

注 1　本書で使用している会社名，製品名は，一般に各社の商標または登録商標です。本書では®と™は明記していません。

注 2　本書で紹介している URL は 2019 年 11 月現在のものです。

目　　次

0. 身近で新しい IoT

第1部：ネットワークとモノ

1. ネットワーク

2. セキュリティ

3. コンピュータアーキテクチャ

4. リアルタイム

第 2 部：IoT におけるデータと物理の利用

5. データの表現と利用

6. セ　ン　サ

7. アクチュエータ

8. 物理モデル

第3部：開発プロセスとモデリング

9. IoT システムの開発プロセス

10. モデリング

第4部：IoT システム事例

11. 高齢者の見守りシステム

12. ド ロ ー ン

0. 身近で新しい IoT

IoT (Internet of Things) という言葉は，急速に広まりつつある。本書を開いた皆さんは，どこかで耳にした言葉であろう。IoT は身近でありながら未来技術でもある。スマートフォンから，家庭のお風呂やエアコンのスイッチを入れられたり，コンビニの商品がお店の販売状況に応じて揃えられるということを聞いたことがあるだろう。これらのすでに実現されている便利な技術は IoT の一例である。さらに，未来型技術である自動車の自動運転も IoT の一つである。

本書は，このような IoT の開発に携わるかもしれない皆さんに向けて，最初の一歩を手助けする書籍である。本章では，まず身の回りの IoT を思い描き，IoT とはなにかについてのイメージをつかんでほしい。そして，各章で学ぶべき内容とそのつながりについて理解してほしい。

キーワード：IoT，モノのインターネット，ICT，RFID，組込みシステム

0.1 身の回りの IoT

IoT というと難しく感じるかもしれないが，身近な例にはスマートフォンのサービスである。スマートフォンはわれわれの生活にしっかりと浸透し，それなしには生活できない皆さんも多いことだろう。まずは，スマートフォンを使用した IoT 生活について考えてみよう。

スマートフォンに朝起きて語りかければ，今日の天気や交通情報，ニュースを教えてくれる。そして，先進的な活動計と連動していれば，スマート目覚ましとして使うこともできる。スマート目覚ましは，睡眠の深さを測り，心地良く目覚めるタイミングで適切な音量で目覚ましの音を鳴らし，部屋のライトをつけてくれる。加えて，睡眠状況を記録し，運動と合わせて健康管理までしてくれる。

また，スマートフォンやスマートスピーカーに話しかければ，テレビ専用のリモコンを触らなくても，動画サイトから配信される映画やドラマを，自宅のテレビで好みに応じて見ることができる。さらに IoT の幅は広く，ドローンを使った荷物配送システム，自動運転，高度に自動化された工場，遠隔医療，見守りシステム等，さまざまなものに応用されている。

このような IoT のサービスは，「モノとモノがつながる」ことにより実現できる。例え

ば，交通情報は，路上に設置されたセンサやカメラ，自動車からのさまざまなデータがクラウド（世界のどこかにある大量のコンピュータを備えた設備）上に集まり，それを瞬時に分析し，スマートフォン，パソコン，カーナビ等に配信される。したがって，モノである（路上のセンサやカメラ，クラウド，スマートフォン，パソコン，カーナビ）がつながっている。

ところで，本章での**サービス**とは「システムから顧客に提供される価値」とする。一般にアプリと呼ばれているものがシステムであり，それが提供するなにかがサービスである。「スマート目覚まし」というアプリ（システム）があれば，上記のような「心地良い目覚め」という価値，すなわちサービスが提供されるということである。

図0.1でIoTの健康管理サービスについて考えてみよう。**図0.2**には健康管理サービスとIoTの役割を示した。示す。モノであるスマートウォッチ，スマートフォン，スマートスピーカーにはおのおのスマートという言葉が付いている。これらは，本来の時計，電話，スピーカーの機能を持つ。つながることにより，健康管理と関連した運動状況や睡眠状態通知等のサービスをユーザに提供する。

健康管理サービスを提供するために，モノはどのようにつながっているのだろうか？ スマートウォッチはセンサの役割を果たし，心拍や歩数などを収集する（実際には内蔵された加速度センサ，緑LEDセンサなどを利用）。スマートウォッチとスマートフォンはBluetoothと呼ばれる通信でつながっている。そして，スマートフォンを経由し，情報はクラウド（0.5節で説明する）に集められる。クラウドでは，膨大なユーザ情報を分析し，適切な運動や睡眠について分析する。その結果を**出力装置**であるスマートフォン，スマートス

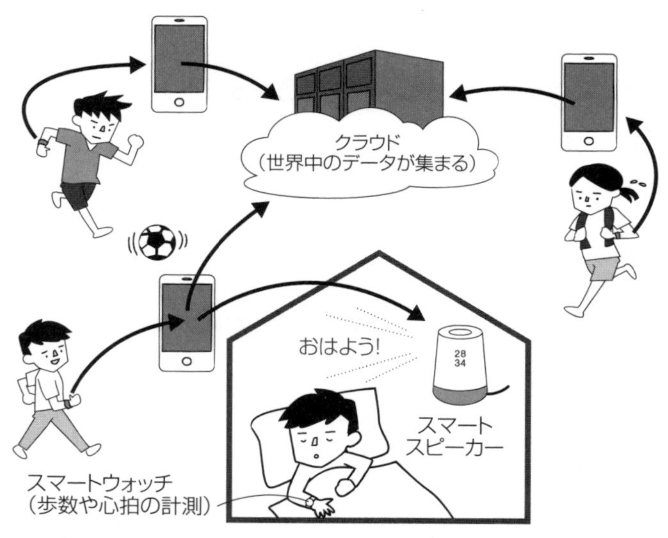

図0.1　IoTによる健康管理サービス

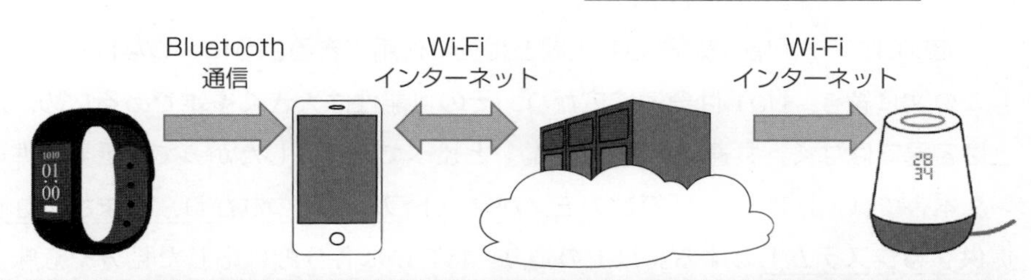

モノ	スマートウォッチ	スマートフォン	クラウド	スマートスピーカー
本来の機能	時計	電話		スピーカー
ユーザからみたIoTサービス	・歩数，心拍，呼吸を計測し表示。 ・運動目標を達成するとご褒美の動画を表示。	・運動状況，睡眠状況を表示。 ・運動や睡眠が足りなければ，励ましのメッセージを表示。目標達成すれば，ご褒美動画を表示。 ・運動や睡眠の詳細をグラフで表示する。		・尋ねると，運動状況を音声で通知する。 ・睡眠状態に応じた目覚ましになる。
IoTでの役割	《センサ》 歩数，心拍，呼吸などを集める。	《インターネットと接続》 スマートウォッチから集めた情報をクラウドに送る。 《出力装置》 クラウドから得た情報を表示する。	《ビッグデータの解析》 ・個々のユーザ情報である歩数心拍を集める。 ・その量は膨大なビッグデータ（0.5節）となる ・ビッグデータをもとにユーザの活動と心拍の関係などを分析する。 ・分析の結果，適切な運動量，適切な睡眠などを判断する。	《出力装置》 ・クラウドから得た情報により，運動状況を音声で通知。 ・クラウドから得た情報により，適切な音量で適切な時間に目覚ましを鳴らす。

図 0.2 健康管理サービスと IoT の役割

ピーカーに送り，表示や音声を出力する。

0.2 IoT とは

IoT は Internet of Things の略であり，**モノのインターネット**と一般に直訳されている。その定義は正式には決められていない。国際標準を決める組織 IEEE では，サマリー[1), †]において次のようにおいて述べている。

> モノのインターネット（IoT）は以下のようなシステムとして広く知られている。センサ，アクチュエータ，スマートオブジェクトのネットワークで構成され，その目的は，日常のモノ，産業的なモノを含む「すべて」のものを，インテリジェント

† 肩付き番号は巻末の引用・参考文献を示す。

でプログラム可能で，そして人間と相互に作用できるように，つなげること。

この文に続き，「IoT は急速に広がり，その可能性は大きく複雑であるため，定義することは容易ではなく，共通の定義はない。」と述べている。したがって，世界標準の定義はない。本書では，IoT とは，「複数のモノがネットワークでつながり，さまざまなサービスを提供するシステム」とする。以上の通り，IoT には各分野に応じた見方や意味がある。また，本書では，必要に応じて各章で IoT について説明する。

さて，IoT はどのように始まったのだろうか？ その誕生は，1999 年にマサチューセッツ工科大学（MIT）のケビン・アシュトン（Kevin Ashton）が使ったのが最初とされ，**RFID**（Radio Frequency Identification）の研究中に生まれた。RFID は，電波（RF）でモノの ID（identification）を扱う技術である。身近な例では，Suica などの交通系 IC カードがあげられる。RFID により，どこにモノがあり，どのように移動しているかを追跡できるようになった。RFID の登場により，モノとモノがつながる基盤ができたと言える。

IoT という言葉は，その始まりと同時に流行したのではなく，10 年以上後の米国 CISCO の 2011 年 4 月に公開されたホワイトペーパー[2)]がきっかけである。このドキュメントでは 2008 年から 2009 年の間に，世界人口よりも，多くのモノがつながっていることが示され，世界中に衝撃を与えた。これをきっかけに IoT の重要性が広く知られるようになった。

0.3　IoT　と　ICT

IoT と関連した言葉に，コンピュータとコンピュータがつながる**情報通信技術**（Information and Communication Technology：**ICT**）がある。この ICT と IoT はどのように異なるのだろうか？ IoT と ICT の関係を理解するために，その歴史を紐解こう。

ICT は，1960 年から 2 回の変革を起こし，現在 3 回目の真っ只中にいると言われている。最初の変革は，1960〜70 年代である。身近なところでは，ATM キャッシュディスペンサーの登場である。ATM は 1965 年にイギリスで誕生し，1969 年に日本で導入された。この時代に注文処理，経費の支払いなどの業務が自動化された。一般人も ATM を通じて部分的な恩恵を受けていたが，企業の業務形態が大きく変革したことが特徴と言える。

第 2 の変革期は 1980〜90 年代であり，**インターネット**の発明である。インターネットは 1982 年の **TCP/IP** プロトコルの提案によりはじまる。インターネットにより，どこからでも低コストでつながるようになった。World Wide Web が登場し，チャットやメール，インターネットでの検索，そして買い物も可能になった。企業にとっても，世界各地に分散している販売店と緊密な連携が可能になるなど大きく利益を得たが，個人がつながるようになった意味は大きい。

第3の変革期が，IoTが提案された2000年以降の現在である。モノにコンピュータが組み込まれた時代である。コンピュータを組み込んだモノを**組込みシステム**（embedded system）と呼ぶ。組込みシステムという言葉が日本で普及しだしたのは，2005年頃からである。例えば，自動車には200個以上ものコンピュータが搭載され，RFIDにより交通系ICカードが普及し，食肉用家畜を追跡できるようになった。

0.4 IoT 時 代

IoT時代である現在，技術による生活・社会の変革が2000年以前と変わってきたようである。2015年4月のハーバードビジネスレビュー[3)]では，0.3節で述べた通り，第3期を現在とし，IoT時代としている。これは2000年よりあとに，インターネットやRFIDほどのインパクトのある通信技術の発明がないためと思われる。もちろん，IoTに最適化された通信技術の低電力広域無線LPWA（Low Power Wide Area）など新しい技術は続々と提案されている。

一方，筆者らは2005年頃と現在（2019年）は，明らかな違いがあり，第4の変革期なのではないかとも推測している。2005年当時を振り返ると，組込みシステムは「専用コンピュータ」であるという意味を包含していた。パソコンは，ゲームにも業務管理にも用いられる汎用コンピュータである。一方，コンピュータ内蔵の掃除機は掃除「専用コンピュータ」である。

これまで述べてきた通り，IoTでは一つのモノがさまざまな役割を果たす。例えば，自動車に組み込まれたコンピュータは，自動車の位置を把握するのに使われると同時に，盗難にあった際の追跡に使われるだろうし，さらに，渋滞情報に使われるかもしれない。したがって，組込みシステムという言葉が流行していた2005年には，一つのモノが複数のサービスに使われるという意味では用いられていなかったと言える。現在，組込みシステムについて「専用」という意味は薄らいでいる。なお，組込みシステムという言葉は，流行とは無関係に「モノ」の仕組みを理解するうえで重要な言葉である。

それ以外においても，2005年頃と現在では，ICTは大きく変化し，現在のIoTという言葉のイメージは，誕生した頃とは異なる。そこで，いつ頃からなにが変わったのだろうか？ということについて筆者らと議論してみた。はっきりとはしないが，2014年前後から変わったのではないかという意見が多かった。

大きな変化としては，やはりスマートフォンの登場であるが，2007年のiPhoneが登場直後に，生活が大きく変わることはなかった。2014年頃の変化を考えると，電子書籍が一般化し，仮想通貨も普及し出した。さらに，スマートスピーカーなどが登場した。これらは，ハードウェアや通信技術の進化よりも，サービスの革新と言ったほうが良いだろう。これらの新たなサービスは，スマートフォンが十分に普及し，その利用情報等のデータが蓄積したことにより登場した。

したがって，筆者らが第 4 期と考えられる時代は 2010 年以降であり，世界人口以上にモノがつながり，クラウド上にその利用情報等のデータが蓄積され，それをもとにつぎのサービスが誕生する時代と言えるだろう。もちろん，今後も新たに素晴らしいハードウェアや通信技術が誕生していくだろうが，情報やデータの蓄積に基づいたサービスの提案が，静かにわれわれの生活を変えていく新しい時代に入った。

0.5　知っておきたい ICT と IoT の用語

0.5.1　ICT が目指す社会を表す用語

IoT は，比較的新しい ICT（情報通信）システムであるが，新しい ICT が目指す社会を表す言葉を以下に記す。

〔1〕 **ディジタルトランスフォーメーション**（Digital Transformation：**DX**）　2004 年にエリック・ストルターマン（Erik Stolterman）が提唱し，「情報技術により，情報技術を通じて，そして情報技術とともに，人々の経験がより豊かになるような社会へと進化する」という概念である。IoT がもたらす社会を表した言葉として，2018 年頃から急速に広がり出した。

〔2〕 **第 4 次産業革命**（**Industry 4.0**）　2011 年ドイツ政府が提唱した言葉である。急速なディジタル化と高度なモノのつながりにより，産業に革命とも呼ぶべき変革を起こすことを目指した言葉。第 1 次産業革命は蒸気機関により，これまで人手で行ってきた作業が機械化し，工業化が進んだ。第 2 次産業革命は電力であり，大量生産が可能になった。第 3 次産業革命はコンピュータであり，自動化が可能になった。第 4 次産業革命は IoT であるとされている。そして IoT という言葉は，Industry 4.0 とともに普及した。

〔3〕 **インダストリアルインターネット**（industrial internet）　Industry 4.0 と同様の意味とされており，米国のゼネラル・エレクトリック社が 2012 年に発表した。物理的な産業設備と，ビッグデータ（次節で説明する）および分析ツールを，ネットワークを介し結びつけ統合するシステムである。

〔4〕 **ソサイエティ 5.0**（**Society 5.0**）　日本が目指すべき未来社会の姿として提案された言葉として，2016 年に登場した。サイバー空間（仮想空間）とフィジカル空間（現実空間）を高度に融合させたシステムにより，経済発展と社会的課題の解決を両立する，人間中心の社会（society）のことであり，狩猟社会（Society 1.0），農耕社会（Society 2.0），工業

社会 (Society 3.0)，情報社会 (Society 4.0) に続く，新たな社会を指す。

〔5〕 **ユビキタス社会** 国内では，IoT の普及とともに使われなくなってきた言語とされ，IoT と同様の意味を持つ言葉である。その意味は，「いつでも，どこでも，なんでも，だれでもがインターネット等のネットワークにつながり，さまざまなサービスを受けることができる社会」である。ところで，ユビキタス (ubiquitous) とは「いたる所にある」という一般的な形容詞でもあるためか，2019 年現在，海外では技術的な説明においても，現在も使われているように感じられる。また，ユビキタスをテーマとした議論も継続されている。

0.5.2 IoT と関連した用語

IoT と関連した用語を以下に記す。

〔1〕 **スマートシステム** スマートフォン，スマートウォッチ，スマートハウス，スマートグリッド等，スマートを付けた単語は多数提案されている。本来，スマートとは賢いという意味であり，ICT では「そのシステム単体でサービスを提供することができ，つながることで，さらなるサービスを提供し，価値を高める技術」という意味で用いられることが多い。スマートフォンはカメラ機能を持っているが，つながることで，SNS を通して友達と写真を共有し，コミュニケーションをとることができる。

〔2〕 **サイバーフィジカルシステム** (Cyber Physical System：**CPS**) CPS とは，コンピュータ (cyber) と物理的 (physical) なものをシームレスに（継ぎ目なく）統合し，それに基づき設計されたシステムのことである。詳細については第 3 部で学ぶ。CPS は，IoT の Things モノの振舞いを考えるために重要である。

〔3〕 **クラウドコンピューティング** (cloud computing) データセンターと呼ばれる場所に，大量のコンピュータを集め，ネットワークを通じ，そのコンピュータを活用する技術。単にクラウドとも呼ぶ。Amazon や Google などが著名である。クラウドのデータセンターがどこにあるかは不明であり，地球の裏側にあることもある。

〔4〕 **エッジコンピューティング** (edge computing) クラウドに対し，モノに近い側でのコンピュータ処理を行う技術のことである。モノであるアクチュエータ（モータ等の出力装置）やセンサなどのデバイスを処理する際には，安定した早い速度が求められることが多い。自動車が，標識を認識して停止するのに，地球の裏側まで通信するのでは間に合わない。そこで，センサやアクチュエータと直接，あるいは近距離で処理するエッジコンピューティングが必要になる。

〔5〕 **ビッグデータ** (big data) 名前の通り大量のデータという意味であるが，クラウドに蓄積された大量のデータを指す。ビッグデータの解析は特に未来予測に期待されてい

る。例えば，実現されている予測としては，商店の売り上げ状況，天気，近辺のイベント情報などから商品の入荷予測がある。また，個人の睡眠・行動・食事状況を長年積み重ね，ゲノムデータやカルテと合わせれば高確率で病気の予測ができるだろう。また，交通事故，天災の回避などさまざまな未来予測に期待されている。

〔6〕 **人工知能**（Artificial Intelligence：**AI**）　定義は一意に定まっていない。共有されている意味は，語感の通り「人工的につくられた知能」であろう。その歴史は古く，そのはじまりは 1956 年（概念自体の提唱は 1947 年）であり，現在は第 3 のブームを迎えていると言われている。ディープラーニングの技術の進化とビッグデータの普及が起因している。また，過去 2 回のブームと比べると，音や映像からの情報抽出，自動生成などが可能になったことにより，AI 技術を身近に感じることができるようになった。

〔7〕 **組込みシステム**（embedded system），**組込みソフトウェア**（embedded software）　コンピュータを組み込んだモノのことを組込みシステム，そのコンピュータを動かすソフトウェアを組込みソフトウェアと呼ぶ。組込みシステム，組込みソフトウェアという言葉が日本で普及した 2005 年頃は，パソコンなどの汎用ソフトウェアに対し，組込みソフトウェアは専用ソフトウェアであると言われていた。現在は，専用ソフトウェアである組込みシステムも数多くあるが，汎用ソフトウェアであることもある。

0.6 IoT をつくる

本書のテーマは，「IoT をつくるために，なにをどのように考えるか」ということの基礎を養うことである。その目標を達成するためには，どのような技術のもとに成り立っているのかについて知る必要がある。IoT を構成する技術は単純に分類できないが，本書では**表 0.1** に示す通りに分類した。表 0.1 の左側が本書の部構成，右側が，① IoT を使った生活，② IoT の構成，③ IoT の開発である。おのおのについて以下に述べる。

① **IoT を使った生活**　これまで述べた通り，われわれの生活は IoT に囲まれている。IoT をつくるためには，「なにを」つくるのかを明確にしなければならないが，その様子を示しているのが図 1.3 ①である。0 章では，身近な IoT から，IoT とはなにかについて，歴史的な背景を踏まえて把握することを目的としている。第 4 部では，二つの IoT の実例を紹介する。第 1 部～第 3 部で学んだことがどのように役立つのかについて想像してほしい。

② **IoT の構成**　図 1.3 ②は，モノには複数のコンピュータ（マイクロプロセッサ）が組み込まれ，それらは，ネットワークでつながり，さまざまなサービスを提供している様子を示している。

第 2 部は，これらの構成と関連した内容について学ぶ。まずは，IoT の「I」すなわち，

表0.1　IoT 生活を支える技術

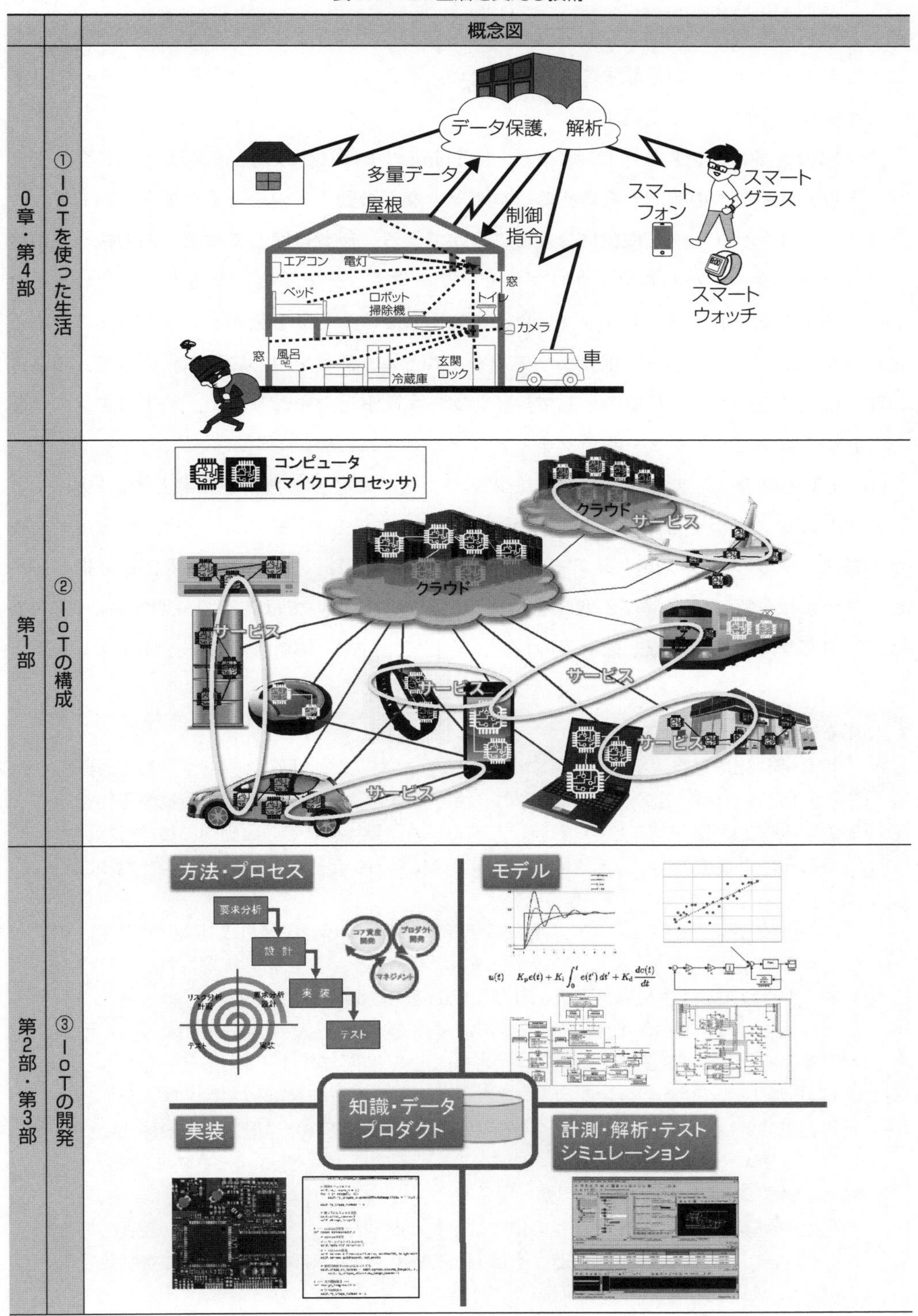

Internet（インターネット）である。NHKの書籍『IoTクライシス』では「わたしたちにとって便利なものは，犯罪を企む者にとっても便利なのです」と述べているが4)，つなげることとセキュリティは切り離すことができない。そこで，第2部では最初にインターネットとセキュリティについて説明する。

第2部の後半は，IoTの「T」すなわち，Things（モノ）である。モノはハードウェアとソフトウェアの二つの側面から考える。ロボットなどの動くものを考えた場合，ハードウェアはさらにコンピュータと機械に分けることができる。後者に関しては第3部で扱う。前者のコンピュータ，すなわちマイクロプロセッサを学ぶうえで重要になるのはコンピュータアーキテクチャである。一方，ソフトウェアに関しては，モノを動かすソフトウェアである組込みソフトウェアにとって重要なリアルタイムという性質を中心に学ぶ。従って，第2部の前半はモノをつなげる仕組みとして，インターネットとセキュリティ，後半はモノの仕組みとして，コンピュータアーキテクチャとリアルタイムについて学ぶ。

③　**IoTの開発**　表0.1③には，モノをつくるのに必要な技術を掲載した。「方法・プロセス」はモノをつくる際の手順や管理などを指している。「モデル」とは，制御モデルなどの数式，グラフ，ソフトウェアモデル，電気・電子回路，ブロック線図などを指している。モデルは分野ごとに異なる意味を持つため，定義については各章で説明する。「実装」は，プログラミング，配線，配置等の技術，そして，計測，解析，テスト，シミュレーショ

コラム：技術の積み上げ

1961年に出版された星進一の『ゆきとどいた生活』は，IoTの世界を予見した短編小説と知られている。この小説には，部屋の温度を快適に保ち，心地よく目覚める仕組み等の未来型生活をじつに上手く表現しているが，健康状態までは自動的にわからないようである。ある意味，半世紀前にSFとして想像していた以上の世界が実現されつつある。

この小説と同世代の1960年代に登場するSFには，テレビ電話付き腕時計や壁掛けテレビが登場する。これらは，スマートウォッチや液晶テレビとして実現され，すでにわれわれの生活に溶け込んでいるが，2000年代に突如登場したのではない。

液晶ディスプレイは1968年ジョージ・ハイルマイヤー（George Heilmeier）博士の発明が最初である。液晶自体の発見は，さらに古く1888年フリードリッヒ・ライニッツアー（Friedrich Reinitzer）博士にまでさかのぼる。1970年代の博物館には，テレビ電話や壁掛けテレビの研究紹介がありデモ機材が設置されていた。歴史が比較的浅いソフトウェア工学（ソフトウェアのつくり方）でも，その誕生は1968年とされている。IoTは，長い間の研究を積み重ねた賜物と言える。

完全自動運転は現在，1970年代の壁掛けテレビと同様な状況と思われる。読者の皆さんも，大志を抱き，それを成し遂げる技能と忍耐を持ち，IoTに続く技術に挑戦してほしい。

ンは，システムを動かすことと関連した技術である。

これらは，技術は切り離されたものではなく，「方法・プロセス」で登場する「つくる段階」に応じて，さまざまなモデルをつくることになる。また，モデルをつくる前には計測を行い，モノの性質を調べるかもしれない。また，モデルを構築し，すぐにプログラミングせずに，シミュレータで確認をするかもしれない。また，プログラミング後には，テストをする。このようなつくるための開発技術については，第2部と第3部で学ぶ。

本章ではIoTはさまざまな技術のうえに成り立っていることを学んできた。おわかりの通り，「IoTはモノとモノをつなぐ」ことなので，つなぐ技術であるインターネットのみ，最近セキュリティの話題がニュースで取りざたされるからセキュリティのみではIoTはつくれない。もちろん，サービス重視型であるため，デザイン思考などのサービスの提案方法を学ぶことは大切であるが，それのみではつくることができない。IoTをつくることの難しさは理解できただろうか？ まずは，IoTを支える技術について幅広く学び，おのおのの技術を深めてほしい。

章　末　問　題

【0.1】 以下の文章で正しいものに○，誤っているものに×をつけなさい。

（1） タイマーで自動的に散水するだけのシステムはIoTである。
（2） 自動運転はIoTである。
（3） 位置情報ゲームアプリはIoTである。
（4） Industry 4.0は米国で提唱された。
（5） オール電化ハウスはスマートハウスである。

【0.2】 身近なIoTの例をあげ，それが提供するサービスについて説明しなさい。

【0.3】 上記，【0.2】で提示した例はなぜ，IoTと言えるのか説明しなさい。

【0.4】 スマートシステムの例をあげ，なぜスマートなのか，その説明をしなさい。

【0.5】 IoTがもたらす弊害について参考文献などを調べ，説明しなさい。

第1部：ネットワークとモノ

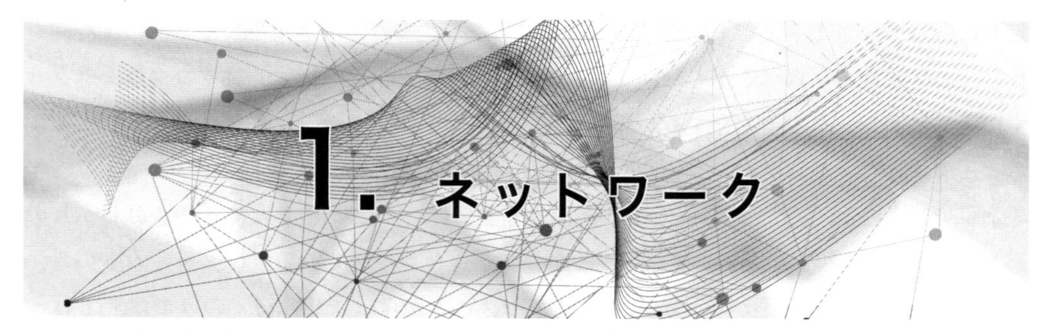

1. ネットワーク

モノのインターネット（Internet of Things, IoT）という名前が示す通り，インターネットは IoT に欠かせない構成要素の一つと言える。本章ではインターネットとその基盤となる通信およびネットワークについて学ぶ。ネットワークを介した通信には色々な機能が必要となるが，本章では基本機能に限定して学ぶ。また，IoT で利用される通信・ネットワーク規格についてもその名前と概要，利用シーンなどについて学ぶ。

キーワード：インターネット，プロトコル，LAN

1.1 通信とネットワーク

通信（communication）とは，離れた場所にいる人やモノが情報を伝え合うこと，あるいはその手段のことである。「通信」と言えばコンピュータ間で情報をやりとりする「情報通信」を連想する人も多いが，上記の定義に従えば「のろし」や「攻め太鼓」など旧来から使われている手段や玄関チャイムなども通信の一種であると言える。

しかし，本書では特に断りのない限り IoT 機器やコンピュータ間での「情報通信」を単に「通信」と呼ぶこととする。コンピュータ間の通信はパソコンやスマートフォンなどで利用する**インターネット**（Internet）に限ったものではなく，例えばスマートスピーカーからのテレビの制御など，その場で完結する「通信」も存在する。

ここで，IoT における通信をイメージしてもらうための簡単なアプリケーション例として，Amazon Echo や Google Home などのスマートスピーカーに「テレビの電源を入れて」と命令する**図 1.1** のような場合を考える。スマートスピーカーは音声認識によって命令を理解し，テレビを操作する通信メッセージを作成してテレビに送信する。メッセージを受信したテレビは電源を ON したうえでスマートスピーカーに電源が ON したことを返信する。

このようなアプリケーションを実現するためには機器同士を接続して通信メッセージをやり取りする必要がある。機器同士を接続して通信メッセージをやり取りするシステムを**ネットワーク**（network）と呼ぶ。機器同士を電線で接続しただけでは通信は実現できない。そ

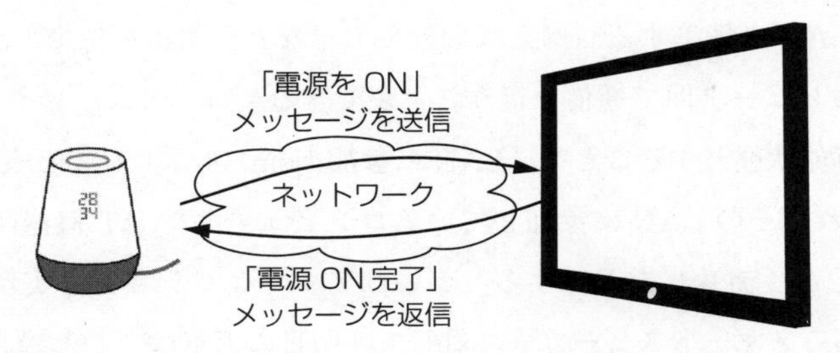

図 1.1　スマートスピーカーを使ってテレビを操作する場合の通信

もそも何本の電線で接続するのか，接続された機器はどのような電気信号を送信するのか，送信された信号はどのような意味を持つのかなどを規定することで初めて通信が可能となる。

スマートスピーカーから複数の機器を操作できることから容易に想像できるであろうが，ネットワークでは 3 台以上の機器を接続してたがいに通信を行うことが可能である。このため，ネットワークでは機器がどのようなタイミングで通信メッセージを送信するか，どのように通信相手を指定するか，受信した通信メッセージの送信元をどのように見分けるかなどの規定も存在する。送信元や通信相手の指定には**アドレス**（address）と呼ばれる識別子が用いられる。アドレスは通信機器を一意に指定するものであり，通信メッセージ内に送信元アドレス，宛先アドレスを含めることでどの機器からどの機器に宛てた通信なのかを知ることができる。人間が使う住所（アドレス）とは異なり，アドレスは多くの通信規格において単なる数字列である。

ネットワークにおいては，スマートスピーカーやテレビのような接続機器のことを**ノード**（node）と呼ぶ。また，ノード同士を接続する電線のことを**リンク**（link）と呼ぶ。近年のネットワークではリンクが電線であるとは限らない。電波を用いる無線通信（wireless communication）や光ファイバ（optical fiber）を用いた光通信（optical communication），可視光を用いる可視光通信（visible light communication），赤外線を用いる赤外線通信（IR communication または infrared communication）など，さまざまな媒体を使ったネットワークがある。

1.2　IoT とインターネット

IoT 機器は一つのネットワークを構成してたがいに通信しながら 1.1 節で示したようなアプリケーションを実現する。IoT 機器などで構成する比較的狭いエリアでのネットワークのことを **LAN**（Local Area Network）と呼ぶ。一般には，コンピュータネットワークを構成する場合にはまずLANを構築する。例えば会社や大学など，組織単位でLANを構築することで組織内のコンピュータ間で通信を行うことができる。コンピュータやIoT機器をLANに接続して通信可能状態とすることを「LANに**参加**(join)する」などと表現する。

LANを構築すればそのLANに参加しているコンピュータやIoT機器間で通信できることから，先に示した「テレビをONする」というアプリケーションを実現できる。では，自宅に設置してあるスマートスピーカーに対して「明日の天気は？」と尋ねる場合はどうだろうか。自宅のLAN内に天気を予想してくれる機器が接続されているとは考えにくいため，閉じたLAN内で天気予報を提供することは難しい。

このような場合に利用されるのがインターネットである。インターネットは，LANとLANの橋渡しをする「ネットワークのネットワーク」である。スマートスピーカーに「明日の天気は？」と尋ねた場合，**図1.2**に示すようにスマートスピーカーは自分が参加するLANとは異なるLANに参加しているコンピュータに接続して天気予報を取得し，「明日の天候は晴れ時々曇り，最高気温は14度です」などと応答する。

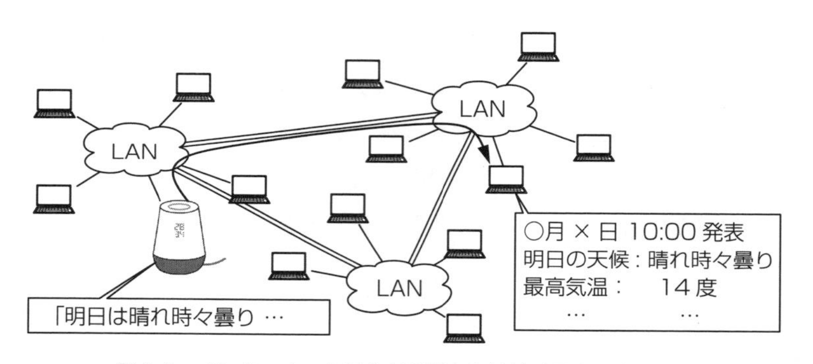

図1.2　インターネットはLAN同士を接続するネットワーク

LANとLANを接続する技術は**インターネットワーキング**(Internetworking)**技術**と呼ばれる。インターネットはインターネットワーキング技術を用いたネットワークの代表例である。インターネット上では**IPアドレス**と呼ばれるアドレスを用いて通信を行う。**図1.3**に示すように，IPアドレスに基づいて通信相手ノードが同じLANに参加しているのかほかのLANに参加しているのかを判断し，同一LAN内のノードと通信する場合には通信メッセージを宛先ノードに転送する。ほかのLAN内のノードと通信する場合には**ゲートウェイ**(gateway)を経由して通信メッセージを隣のLANに転送する。隣のLANのゲートウェイは通信メッセージを受信するとIPアドレスに基づいて同様の転送処理を行う。

一つのLANには複数のゲートウェイが存在することも多く，LAN同士は網目状に接続されている。このため，「隣のLANへの転送」を繰り返してメッセージをバケツリレーのように転送していくことで通信メッセージは最終的に宛先ノードが存在するLANにたどり

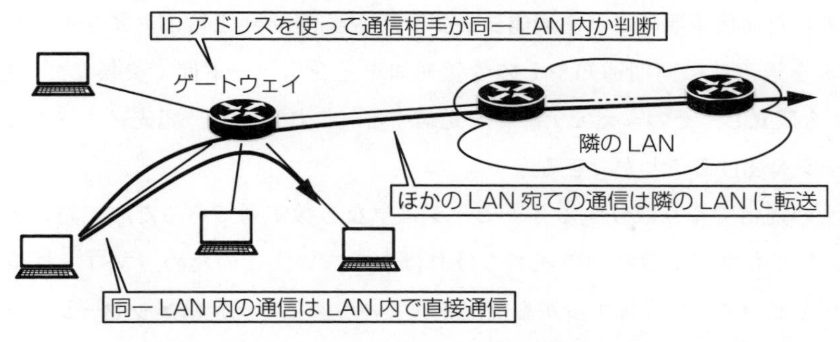

図 1.3 インターネットによる LAN をまたいだ通信

着く。通信メッセージを受信した宛先ノードはそのメッセージ内の送信元ノードに対して返信し，同じように転送を繰り返して返信メッセージが送信元ノードに配送されることで通信が実現される。

一つの LAN に三つ以上のゲートウェイが存在する場合，隣の LAN に通信メッセージを転送する際にどのゲートウェイを介して転送すべきかを選択する必要がある。転送先の選択など，どのような経路で通信メッセージを宛先ノードまで届けるかを決定する制御のことを**経路制御**または**ルーティング** (routing) と呼ぶ。

1.3 プ ロ ト コ ル

1.1 節において，ネットワークではノードが通信メッセージを送信するタイミングや通信宛先，送信元の表現方法などが規定されていると述べた。このような規定を**プロトコル** (protocol) と呼ぶ。プロトコルはネットワーク上でノード同士が通信するときの「言葉」のようなものであり，送受信ノードが同じプロトコルを使用していなければ通信を行うことができない。プロトコルではだれがいつなにを送信するかが細かく規定されている。例えばノード 1 がノード 2 に対して通信を開始する場合に，まずノード 1 が「Hello, 2」と送信してノード 2 からの「Hello, 1」という返信を待ち，そのうえで送信データが温度センサデータであることを付加して「temperature sensor：15.2」とノード 1 が送信する，などといった具合である。

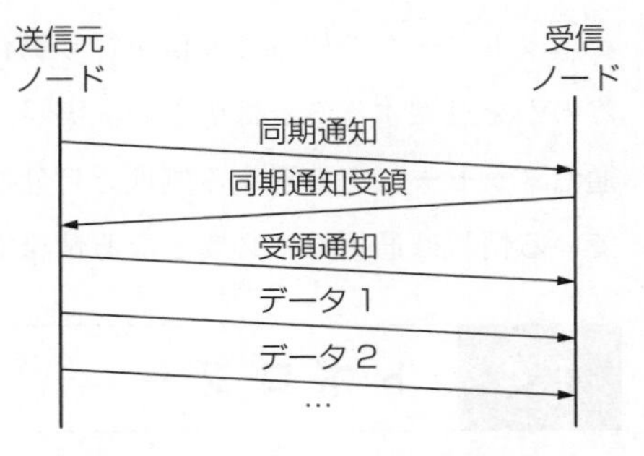

図 1.4 インターネットにおける通信シーケンスの例

図 1.4 はインターネットにおける通信手順の例を示している。このような，いつどのノードがどのノードに対してどのようなメッセージを送信す

るのかを表した通信手順のことを**通信シーケンス**（sequence）と呼ぶ。インターネットでは通信データを送る前に同期通知やその受領通知を送受信ノード間で交換して「**接続**（connection）」を確立し，そのうえでデータを送信する。これにより，宛先ノードまで確実に通信メッセージを届けることができる。

機器同士の通信でやり取りするメッセージは単なる数字列であるため，先の例で言えば「Hello, 2」なども すべて数字列で表さなければならない。このため，プロトコルでは通信メッセージをどのように表現するかも規定されている。この規定は**メッセージフォーマット**（message format）や**フレームフォーマット**（frame format），**パケットフォーマット**（packet format）などと呼ばれる。

通信メッセージはおもに**ヘッダー**（header）と**ペイロード**（payload）から構成される。ヘッダーには送信元・宛先ノードアドレスなど，ペイロードには送るデータが格納される。ヘッダーにどのような情報を格納するかはプロトコルで規定されており，プロトコルごとに異なる。また，これらに加えて通信のタイミング同期や通信の検出に利用される**プリアンブル**（preamble）と呼ばれる情報を付加することもある。

図 1.5 はパソコンの有線ネットワークで広く利用されている IEEE 802.3 イーサネット（Ethernet）のフレームフォーマットを示している。イーサネットのヘッダーは宛先・送信元アドレスとデータの長さを表すフィールドの合計 14 byte で構成され，この後ろにデータを付けて送信する。データの後ろには通信エラーが発生したかどうかをチェックするために利用される **FCS**（Frame Check Sequence）と呼ばれる情報が付加される。

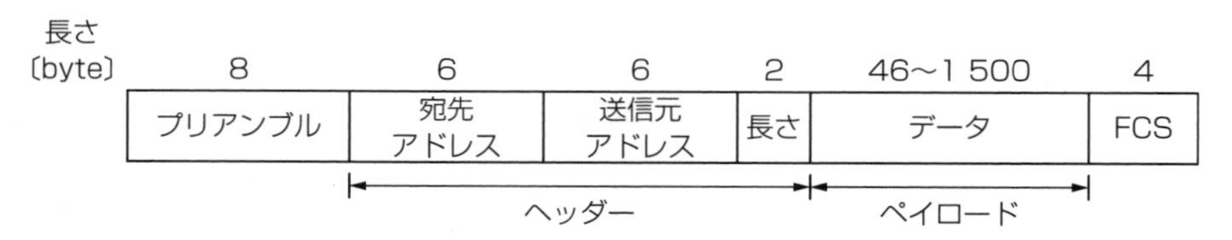

図 1.5　IEEE 802.3 イーサネットのフレームフォーマット

ネットワークを使って通信を行う場合に，通信メッセージがどのようなフォーマットであるのかを意識することは少ない。実際，通信プログラムにおいて指定されたフォーマットに通信メッセージを整形する処理を自分で書く必要はない。しかし，通信メッセージに書かれている情報は通信時に必要となる情報であり，通信を行う際に指定する必要がある。

1.4　トポロジー

2 台のノード間で通信を行う場合はそのノード間を直接接続すればネットワークを構成で

きるが，複数のノードがたがいに通信を行う場合にはそれぞれをどのように接続するかを考えなければならない。ネットワーク内でのノードの接続形態は，ネットワークの形を表すことから**トポロジー**（topology）と呼ばれ，プロトコルで規定されている。

図1.6は，代表的な5種類のネットワークトポロジーを示している。図中の線はノード間のリンクを表しており，直接通信できるノード間に引かれている。メッシュ型において全ノード間にリンクが存在する場合は特に**フルメッシュ**（full mesh）**型**と呼ばれる。リング型，ツリー型，メッシュ型ネットワークでは全ノード間が接続されているわけではないため，任意の2ノード間で通信するためにはノード間で通信メッセージを転送する必要がある。パソコンのネットワークで利用されているイーサネットや無線LANはスター型のネットワークである。IoT機器同士の通信はツリー型やメッシュ型ネットワークを利用する場合が多い。また，IoT機器上ではセンサとの通信などではバス型ネットワークを利用する場合がある。

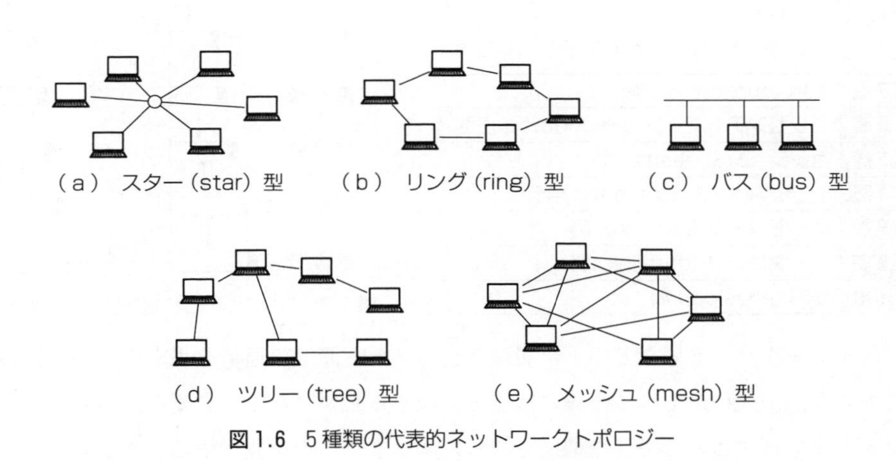

図1.6　5種類の代表的ネットワークトポロジー

1.5　ネットワークアーキテクチャ

ネットワークにはさまざまな機能が求められる。例えば，送信元ノードから宛先ノードまでの通信メッセージの転送や，通信メッセージが届いたことの確認，大きなデータの分割送信，通信メッセージの暗号化などがあげられる。これらの機能は多くの場合においてそれぞれ一つのプロトコルとして規定されている。ネットワークの目的などに応じて，これらを組み合わせて必要な機能を持つ通信が実現されている。

どのようなプロトコルを組み合わせてネットワークを構成するかを決める作業はネットワーク設計の一部である。ネットワークに求められる機能を実現するために任意のプロトコルを自由に組み合わせることができればネットワーク設計の自由度は上がる。一方で，設計者が各プロトコルを深く理解したうえで各プロトコルの機能が衝突しないような利用方法を考える必要があり，ネットワーク設計が非常に難しくなる。

各種プロトコルを組み合わせたネットワークを容易に実現するため，ネットワーク設計では階層化したモデルを用いる。**表 1.1** は，ネットワーク設計で広く利用されている階層化モデルの **OSI 参照モデル** (Open System Interconnection reference model)[1)] を示している。OSI 参照モデルは ISO[†] が定めた通信機能の階層化モデルであり，ネットワークに求められる各種機能を層 (layer) に分けて階層化している。ネットワークに求められる機能をどのような層に分けて実現するか，また各層でどのようなプロトコル群を利用可能かを体系的に定めたものを**ネットワークアーキテクチャ** (network architecture) と呼ぶ。

表 1.1　OSI 参照モデル

第 7 層	応用 (application) 層
第 6 層	プレゼンテーション (presentation) 層
第 5 層	セッション (session) 層
第 4 層	トランスポート (transport) 層
第 3 層	ネットワーク (network) 層
第 2 層	データリンク (datalink) 層
第 1 層	物理 (physical) 層

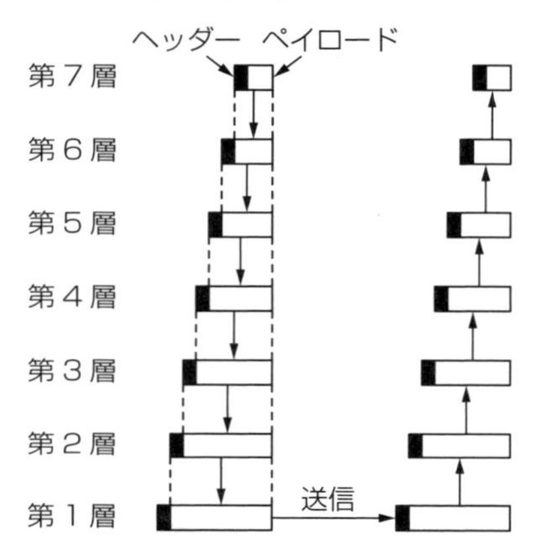

図 1.7　ネットワークの階層化とカプセル化

物理層やデータリンク層などの下位層は 2 台のノード間での通信を規定するために必須のものであるが，一般にはすべての層の機能を実現する必要はなく，必要な層の機能に対応するプロトコルを選ぶことで必要な機能を持ったネットワークを設計する。OSI 参照モデルの各層がどのような機能を実現するものであるかに関しては本書の範囲を大きく逸脱するため参考文献[2)] を参照されたい。

階層化されたネットワークモデルでは，各層の機能がたがいに干渉することを防ぐために下層の通信を**カプセル化** (encapsulation) する。**図 1.7** に示すように，各層は上位層の通信メッセージを「データ」として通信を行う。送信側では上位層の通信メッセージにヘッダーを付加して下位層に渡す。受信側では下位層から受け取った通信メッセージのヘッダーを除去しながら必要な処理を行い，ペイロードに格納されているデータを上位層に渡す。

† ISO (International Organization for Standardization：国際標準化機構) は各国の標準化団体で構成される非政府組織であり，国際的な標準である国際規格 (IS：International Standard) を策定している。

1.6 代表的な通信規格・プロトコル

本節ではIoTやインターネットで利用される代表的なプロトコルおよびプロトコルの定義を含む通信規格の概要を紹介する。**図1.8**はOSI参照モデルの各層と本節で概説する各種通信規格・プロトコルとの関係を示している†1。各種通信規格・プロトコルは厳密にはOSI参照モデルの各層に対応しているわけではない。また，自由な組合せを選択できるわけではなく，プロトコルの組合せを規定している通信規格も存在する。

第7層		HTTP / MQTT / WebSocket		Bluetooth
第6層				
第5層			ZigBee	
第4層		TCP / UDP		
第3層		IP		
第2層	RS-232C / USB	IEEE 802.11 / 携帯通信網		IEEE 802.15.1
第1層	SPI / $\mathrm{I^2C}$	イーサネット / LPWA	IEEE 802.15.4	

図1.8 各種通信規格・プロトコルとOSI参照モデル

〔1〕 **バス通信規格** IoT機器ではマイクロコントローラとセンサなどとの通信やパソコンとの通信で各種バス通信，特に，2〜4本の線を用いるシリアルバス通信が広く利用されている。代表的な通信規格には，**SPI**（Serial Peripheral Interface），**$\mathrm{I^2C}$**，**RS-232C**†2，**USB**（Universal Serial Bus）などがある。これらの規格はOSI参照モデルの物理層，データリンク層の機能を規定している。

SPIや$\mathrm{I^2C}$はIoT機器内部のセンサとの通信に，RS-232CやUSBはIoT機器とパソコンとの通信において利用される。マイクロコントローラの内部にはSPIや$\mathrm{I^2C}$，RS-232C，USB通信を行うための回路が内蔵されていることが多く，これらの回路を用いることで容易に通信を実現できる。なお，IoT機器上の回路で送受信できるRS-232Cの信号は厳密にはRS-232Cとは異なる電圧の信号である。このため，IoT機器とパソコン間でRS-232C通信を行う場合には電圧を変換する信号レベル変換回路が必要となる。

〔2〕 **IEEE 802.3 イーサネット（Ethernet）** IEEE 802.3イーサネットはパソコンの

†1 対応関係にはさまざまな見解があるため，筆者の主観的な見解に基づく対応関係を示した。
†2 RS-232Cはすでに使われておらず実際にはその後継規格のEIA-232-D/E/Fが多用されているが，EIA-232-D/E/Fも含めてRS-232C，RS-232などと表現する場合が多い。

有線LANネットワークで広く利用されている通信規格である。物理層，データリンク層の機能を規定している。いわゆるLANケーブルと呼ばれる**UTP**（Unshielded Twisted Pair）ケーブルと電話線ジャックに似たRJ-45規格のプラグを用いて機器を接続する。高速通信を行う場合には光ファイバケーブルが使用される。

〔3〕 IEEE 802.11（無線LAN）　IEEE 802.11は，パソコンの無線LANネットワークで広く利用されている無線通信規格である。物理層，データリンク層の機能を規定しており，使用する周波数帯や通信速度が異なるIEEE 802.11a/b/g/n/ac/adなどの方式が存在する。多くの無線LAN機器がWi-Fi Allianceの承認を受けたWi-Fi機器であることから，無線LANのことをWi-Fiと呼ぶ場合も多い。

IEEE 802.11はアクセスポイント（Access Point：AP）と呼ばれる無線機を基点としたスター型のネットワークを形成し，アクセスポイントが中継器となることで任意の2ノード間の通信を実現する。無線LAN通信に要する消費電力は比較的大きく，IoT機器の中でも小型・省電力性が重要となる場合は利用が難しい。

〔4〕 Bluetooth　Bluetoothはスマートフォンやパソコンなどで広く利用されている近距離無線通信規格である。物理層〜ネットワーク層はIEEE 802.15.1として規定されている。Bluetooth 4.0以降ではBluetooth Low Energy（BLE）という拡張仕様が規定されており，IoT機器のように省電力性が特に重要となる機器においても利用可能となった。パソコンのBluetooth通信機能がBLEに対応している場合にはBLEを用いればIoT機器と直接通信が可能である。

〔5〕 IEEE 802.15.4，ZigBee　IEEE 802.15.4はIoTなどの省電力機器に向けた近距離無線通信規格であり，物理層，データリンク層の機能を規定している。通信速度は遅く，通信距離も短いが，無線LANと比較して1/10〜1/100程度の消費電力で通信を実現できることから小型・省電力IoT機器で利用されることが多い。小型・省電力IoT機器，特に**無線センサノード**（wireless sensor node）と呼ばれるセンシング用のIoT機器で広く利用されている。

下位層としてIEEE 802.15.4を用い，ネットワーク層〜セッション層に相当する機能を規定するZigBeeという通信規格も存在する。ZigBeeネットワークを利用する場合にはOSI参照モデルのプレゼンテーション層，応用層に対応する「アプリケーション層」の機能を開発者が作成することで通信アプリケーションを実現できる。

〔6〕 LPWA　**LPWA**（Low-Power Wide-Area network）は低消費電力で長距離の通信が可能な広域無線ネットワークの総称である。厳密な定義は存在しないが，通信速度をきわめて遅くすることで長距離通信を低消費電力で可能としている無線ネットワークの多くがLPWAと呼ばれている。LPWAは無線センサノードを用いた屋外ネットワークに向けて設

計されている。LPWA の代表例として，Sigfox，LoRa，LoRaWAN，Wi-SUN（IEEE 802.15.4g/4e）などがあげられる。

〔7〕 **携帯通信網**（3G/4G/5G）　携帯通信網は，携帯電話の通信回線を用いたデータ通信ネットワークの総称である。3G，4G，5G などと呼ばれることもあるが，この「G」は Generation の略であり，例えば 3G は第 3 世代を意味している。通信速度の向上や通信遅延の低減，信頼性の保証など，さまざまな観点から次世代通信網の開発が進められてきた。パソコンやスマートフォンと同様に IoT 機器においても携帯通信網を利用した通信が可能である。

〔8〕 **TCP/IP**　**TCP/IP**（Transmission Control Protocol / Internet Protocol）はインターネットで利用されているプロトコルである。IP は 1.2 節で示したような転送の仕組みをネットワーク層の機能として規定している。IP 上でトランスポート層として TCP というプロトコルを用いることでデータの分割送信や輻輳制御などを行う。信頼性よりも速度を優先したい場合には TCP の代わりに **UDP**（User Datagram Protocol）を組み合わせることもできる。

インターネットでは**サーバ**（server）と呼ばれるコンピュータを用意してサービスやアプリケーションを提供し，**クライアント**（client）と呼ばれるコンピュータから TCP，UDP を用いてサーバに接続してサービスを利用する。TCP，UDP では**ポート**（port）**番号**と呼ばれる一種のアドレスを用いてサーバ上のサービスを区別する。

ポート番号を利用することで，例えば 80 番ポートは Web ページの閲覧，110 番は電子メールの受信などと，1 台のサーバで複数のサービスを提供できる。ポート番号は自由に決めることができるが，広く利用されているサービスはあらかじめ決められた 0〜1 023 番の範囲の**ウェルノウンポート**（well-known port）を利用することが一般的である。ウェルノウンポートはポート番号ごとに使用プロトコルが定められている。

〔9〕 **HTTP**　**HTTP**（HyperText Transfer Protocol）はハイパーテキストと呼ばれる文書を転送するためのプロトコルである。ハイパーテキストはリンク（link）によって結び付ける機能を持った文書であり，Web ページを記述する際に利用されている。IoT においても人間が読める形式でデータを表現して通信を行う場合に利用される。HTTP は TCP の 80 番ポートを利用することが一般的である。

〔10〕 **WebSocket**　**WebSocket** は HTTP を用いて双方向通信を行うプロトコルである。HTTP は Web ページの内容をパソコンなどに読み込む単方向通信のみを考慮して規定されている。近年では Web ブラウザから利用可能な Web サービスが広く普及しており，双方向通信が必要となることから WebSocket が規定された。IoT 機器においても WebSocket を用いれば Web サーバとの間で双方向通信を実現できる。

〔11〕 **MQTT**　MQTT (Message Queuing Telemetry Transport) は小型 IoT 機器などに向けて設計された軽量な通信プロトコルである。通信メッセージの送信側はブローカー (broker) と呼ばれるサーバに通知 (publish) を行う。通信メッセージの受信側はブローカーに登録 (subscribe) しておくことで通知を受け取ることができる。受け取る通知はトピック (topic) を指定して絞りこむこともできる。MQTT は TCP 1 883 番ポートを利用することが一般的である。

1.7 IoT 機器におけるネットワークの利用

IoT 機器でネットワークを利用する場合にネットワークに関する知識を詳細に知っておく必要はない。ネットワークの機能は複雑であり，すべてを掌握することはきわめて困難である。このため，ネットワークが通信メッセージの転送などによって実現されているという基本的な仕組みを理解したうえで，ネットワークを使った通信を実現するために必要となる最低限の知識を持っておくことが重要である。

IoT でネットワークを利用する場合に意識すべきことは 3 点ある。1 点目は，IoT のどこで通信，ネットワークが利用されているかを認識することである。IoT 機器内部のセンサとの通信や IoT 機器同士の通信，サーバとの通信など，IoT ではさまざまな通信が行われる。通信を行う場合にどのネットワークを利用しているのかはつねに意識する必要がある。

2 点目は，各ネットワークでどんなプロトコル群が利用されているかを知ることである。各ネットワークは機能ごとに層構造に分けて複数のプロトコルを組み合わせて実現される。どのようなプロトコルを組み合わせているかを知らなければ通信をする場合にどのような情報が必要となるかがわからず，通信を実現できない。

3 点目は，送受信ノード間でどのような経路で通信が行われるかを認識することである。

コラム：インターネットと通信障害

現代社会においてインターネットは欠かせないものとなっている。もしインターネットが急に使えなくなったとしたら，世界は大きな混乱に陥るだろう。インターネットにはどこかで障害が起きてもインターネット全体が停止しないような仕組みが備えられている。インターネットの耐障害性は，インターネットの前身である ARPANET (Advanced Research Projects Agency Network) の設計に起因している。ARPANET 以前に主流であった回線交換方式と呼ばれるネットワークでは，中継局と呼ばれる 1 か所に通信を集中させて通信を制御する。これに対し ARPANET では中継局は設置せず，各拠点が自律的に動作する分散型ネットワークを構築する。このような基盤技術のおかげでインターネットは今日も停止せずに動いている。

インターネットを利用する場合には送受信ノードが同じネットワーク内にあるとは限らない。このため，送信ノードからどのようなネットワーク群を経由して宛先ノードまで通信メッセージが到達するのかを意識することが大切である。

章末問題

【1.1】 以下の用語について正しい説明をしているものを一つ選択せよ。

（1） プロトコル

① インターネットを使って通信を行う際のマナーである。どのような内容の通信メッセージを送るべきかが定められており，違反しても罰則はない。

② ネットワークを使って通信を行う際の規定のことである。通信メッセージの内容や送受信をする順番などが定められており，違反すると通信ができない。

③ ネットワーク内でどのような形でノードを接続するかを規定するものである。バス型やリング型などが存在する。

（2） LAN

① Local Area Network の略で，一つの閉じられたネットワークのことである。一般には会社や大学などの組織単位で構成することが多い。

② Linear Addressing Network の略で，ネットワーク内でノードの識別に用いられるアドレスが連番となっているネットワークのことである。アドレスの管理が容易となることから一般に利用されているネットワークが該当する。

③ Location-Aware Network の略で，設置されている場所を認識して設定を自動的に最適化することができるネットワークである。

（3） インターネット

① ネットワークのネットワークを形成するインターネットワーキング技術によってつくられた大規模ネットワークの例である。

② 会社や大学，個人などが Web サイトを世界に発信するためにつくられた大規模ネットワークである。

③ 一般に利用されているネットワークを実現するネットワーキング技術の総称である。

【1.2】 IoT 機器の開発者はネットワークに関してどのようなことを知っておく必要があるか。

【1.3】 ツリー型ネットワーク，バス型ネットワークの利点・欠点について考察せよ。

【1.4】 身近な組込みや IoT 機器を一つあげ，その中で使われていると考えられる「通信」を送信元，宛先とともに列挙せよ。

【1.5】 1.6 節で示した以外にもさまざまな通信規格，プロトコルが規定されている。なぜそんなにも多くのプロトコルが存在するのか。その理由を考察せよ。

2. セキュリティ

IoT 技術が世の中に普及するにつれて，私たちの身の回りにも，IoT 技術を活用した製品やサービスが数多く存在し，生活がより便利になることが期待されている。その一方で，私たちが安全かつ安心して生活するためには，セキュリティの基礎知識を有し，身の回りにある IoT 製品やサービスに関するセキュリティの課題についても正しく理解することが必要である。そして，もっとも大切なことは，セキュリティのリスクの存在と，対策の必要性を理解したうえで，適切な対応や行動を自分の意思で選択できるようになることである。本章では，セキュリティの基礎知識を学んだあと，IoT 機器を中心とする製品やサービスに関わる，セキュリティの課題と対策，および IoT 技術を活用した新しいセキュリティサービスについて学ぶ。

キーワード：リスク，脅威，脆弱性，ライフサイクル，セキュリティバイデザイン

2.1 セキュリティの課題

セキュリティ（security）に関するニュースや話題に触れる機会が日々増加している。例えば，インターネットサイトに不正にアクセスし，会員の個人情報やパスワードを不正に取得する事件や，自動車の所有者がその車から離れているスキを狙って，自動車の所有者ではない人物が，所有者の持つ無線式キー（インテリジェントキーとも呼ばれ，車との間で数 10 cm から 1 m 程度の短距離通信によってキーの所有者の位置を特定することで，物理的なキーを利用することなく，車のドアを開閉できる）の電波を不正に増幅してドアを開けて，車や車内の物品を盗難するといった事件が国内でも発生している。私たちの生活とセキュリティが，より身近なものとなっており，今後も，安全かつ安心して生活をするためには，セキュリティについての基礎知識を学ぶことがますます重要になっていることを示唆している。

2.2 セキュリティとはなにか？

セキュリティとは，本来，安全や防犯を意味する言葉である。例えば，家や金庫のセキュリティでは，物理的なモノが，そのモノに対する物理的な悪意的行為から適切な対策のもと

で守られている状態，ないしはその対策を意味することから，**物理セキュリティ**（physical security）と呼ぶ。一方，コンピュータに格納された個人情報や，ドアを制御するための命令など，コンピュータ上に格納されるデータが，サイバー空間における悪意的行為から適切な対策のもとで守られている状態，ないしはその対策を**サイバーセキュリティ**（cyber security）と呼ぶ[†1]。

対象とするサービスやシステムにおいて，守るべきものを**資産**（asset），資産を壊したり，奪うことによって，その価値を下げるものや意図的な行為を**脅威**（threat），脅威が利用する，対象サービスやシステムに含まれる欠陥（バグ）を**脆弱性**（vulnerability）と呼ぶ。資産の価値（被害の深刻さ），脅威の多さ，脆弱性の多さの3項目の組合せを，セキュリティ上の**リスク**（risk）と呼ぶ。

これらの用語の意味を理解するために，簡単な例で考えてみよう。ここでは，お財布をテーブルの上に置き忘れ，第3者に持っていかれてしまう例を考える。お財布自身とその中身の価値の合計を1 000円とする。大切なお財布を置き忘れるというミスは，お財布の管理が不適切であったという脆弱性に相当する。そのお財布を，第3者が意図的に持っていく行為が脅威である。

ある国で，お財布を置き忘れた場合，お財布自身とその中身（例えば，この国ではまったく利用できない紙幣だけが入っていたとする）に価値がなければ，たとえ脆弱性と脅威が存在してたとしても，リスクはゼロと考える。お財布が置き忘れられていても，それを持っていったり[†2]，中身だけを取られてしまうことがない状況（国や地域）では，脅威が非常に少ないということなのでリスクも下がる。盗難が多い場所であっても，お財布の所有者が，お財布にチェーンを付けて置き忘れの可能性を下げたり，お財布の代わりに電子通貨を利用することで，物理的なお財布を置き忘れるという可能性そのものをなくすことで，脆弱性を低減できる。その結果，お財布の置き忘れに伴う，第3者による盗難のリスクを抑えることができる。このように，リスクは，将来の損失の期待値であり，資産価値，脅威，脆弱性が密に関係する。

情報を資産として考えるセキュリティを情報セキュリティと呼ぶ。情報の守るとはどういう意味だろうか？ 一般的には，情報の**機密性**（confidentiality），**完全性**（integrality），**可用**

†1 物理セキュリティとサイバーセキュリティにはさまざまな定義が存在する。例えば，資産の種別，脅威の種別，対策技術の実現方法の種別などに着目して分類される。用語を使用する際には，その都度，言葉の定義を確認することが大切である。サイバーセキュリティについては，国内のサイバーセキュリティに関する法律，サイバーセキュリティ基本法でも定義が存在する（章末のコラム参照）。

†2 脆弱性を少なくするための対策を追加することによって，別のリスクが発生することもある。例えば，お財布にチェーンを付けた場合はそのチェーンが物理的に破壊されるリスクを，電子通貨を利用した場合は，電子通貨の不適切な管理による盗難（この場合は，サイバー空間における盗難の可能性が出てくる）のリスクをそれぞれ考える必要が出てくる。悩ましい問題である…。

性（availability）の三つの性質が成立する状態を維持することを指す[†]。機密性とは，認められたものだけが，情報にアクセス（閲覧，追加，更新，削除などの操作）できるという性質である。完全性とは，情報が正しく記録された状態を維持する性質であり，破壊や改ざんをされていないという意味である。可用性とは，認められたものだけが，情報にアクセスしたいときに，アクセスできるという性質である。

これらの性質を理解するために，スマートフォンに保存してある連絡先データを例に考えてみよう。連絡先データには個人情報が含まれているので，特にスマートフォンの所有者にとっては大切な情報資産である。この連絡先データは，通常はスマートフォンの所有者だけが閲覧できるようにすべきである。これを実現することが機密性を保証するということになる。もし，所有者以外の人が自由に閲覧できてしまう状況では，連絡先データの機密性が損なわれており，個人情報が流出してしまう可能性があるということなる。別の例として，連絡先データにアクセスする必要がないにもかかわらず，連絡先データへのアクセス権限を要求する不正アプリ（**マルウェア**と言う）をインストールしてしまい，誤ってアクセス権限を付与してしまった場合は，機密性が損なわれていることになる。アプリをインストールする際には，そのアプリに与える権限を設定するはずだが，適切に設定できているか？　連絡先データの内容が改ざんされずに正しく保存されている状況では，それらのデータの完全性が保証されていると言う。アプリやOSの不具合で，連絡先データの内容が変わってしまったり，連絡先データそのものが消えてしまった場合，完全性が侵害されたと言う。スマホの所有者が電話を掛けたりメッセージを送信する際に参照する場合や，新しい友人の連絡先を追加したい場合に，すぐに連絡先データを使うことができることを可用性があると言う。逆に，アプリが正常に起動しなかったり，アプリやスマホに設定したパスワードを忘れてしまって即座に連絡先データにアクセスできないという状況は，可用性が失われていることなる。

2.3　IoTにおけるセキュリティ

IoTによって新しいサービスやインフラが登場すると，私たちの生活がより便利になると期待されている。その一方で，IoTに関するセキュリティの課題を十分に考慮すべきである。IoTにおけるセキュリティを考えるうえで，特に重要となるポイントを整理する。

・物理セキュリティとサイバーセキュリティの両方が関係する（対象が広い）。

・製造者や開発者の異なるシステムが連携して動作する（ステークホルダが多い）。

---

† ほかにも，真正性（authenticity），責任追跡性（accountability），否認防止（non-repudiation），信頼性（reliability）といった性質を加える場合もある。詳細は，文献2）を参照すること。

・ライフサイクル全体での対策とレジリエンス性がより大切（長期的な視点と回復力）。

IoT では，センサ，コンピュータ，アクチュエータがネットワークを介して連動するので，IoT を構成する機器を守るための物理セキュリティと，センサからのデータ，コンピュータに格納されたデータ，アクチュエータに対する制御命令，ネットワーク上に流れるデータ等を守るためのサイバーセキュリティの両面が関係する。物理セキュリティとサイバーセキュリティのおもな違いを**表 2.1** に示す。先に述べたように，現時点においては，物理セキュリティとサイバーセキュリティの定義は多様であるので，ここでは，資産，脅威，対策のそれぞれの観点で比較している。

表 2.1　物理セキュリティとサイバーセキュリティの違い

	物理セキュリティ	サイバーセキュリティ
資　産	おもに物理的資産（人，モノ，環境など）	おもにコンピュータが保持する情報
脅威が利用する経路	資産に対して，直接的，間接的に影響を与える，物理的な経路とインタフェース	おもにコンピュータへの入力装置，インターネットや無線通信などの通信経路とインタフェース
脅威による攻撃コスト	低い～高い（多様）	比較的低い
脅威の特定しやすさ	比較的容易	比較的困難
セキュリティ対策	・資産所有者自身による対策 ・防犯サービス会社 ・国（法律，警察，特殊機関）	・セキュリティ対策機器，ソフトウェア ・サイバーセキュリティサービス会社 ・国（法律，警察，特殊機関）

IoT のセキュリティでは，従来のサイバーセキュリティとは大きく異なり，情報資産の機密性，完全性，可用性が侵害されるという事象が，個人情報の漏洩やプライバシ侵害につながるだけでなく，利用者や，機器の周辺にいる人々の安全性にも影響を及ぼす可能性がある。すなわち，サイバー空間の問題が，物理的な空間での安全の問題になるということである。逆に，センサを物理的に破壊したり，センサに対して，不正な物理現象を観測をさせることによって，サイバー空間での情報資産の侵害につながる可能性もある。例えば，車に搭載される，障害物や歩行者の検出センサを考えてみよう。「第 3 者が自作した電子回路を用いて，車外から不正な信号をセンサに向けて送信することで，車の前方に歩行者がいるにもかかわらず，歩行者がいないかのように観測させることができると，運転者自身の判断や，自動車の安全支援機能の振舞い（判断や表示）を変えてしまうことになる。その結果，運転者や歩行者の安全性にも影響を与える可能性がある。このように，IoT セキュリティでは，物理的なセキュリティとサイバーセキュリティの両面を考慮する必要がある。

従来，製品の製造者や開発者の役割は，自社の製品やソフトウェアの振舞いを定義（要件定義）し，それらの要件を満たすよう設計，実装，テストを経て製品をリリースするというのが一般的であった。IoT において，製造者や開発者の異なる機器やインフラが連動してサービスを提供する場合，自社の製品やソフトウェアだけでなく，他社が開発した製品やソフトウェアと連携することが必須となるので，要件定義から製品リリースまでの開発工程においては，他社の製品やソフトウェアとの関連する**境界**（インタフェース）を定義することが重要となる。

インタフェースが明確に定義されていないと，自社製品の機能の変更が，他社の製品に影響を及ぼしてしまった場合，開発工程にやり直し（手戻り）が発生してしまうという開発の進め方の難しさがある。機能やインタフェースの変更が，製品の開発段階でわかればまだ良いが，製品がリリースされたあとに変更された場合はどうだろうか？ スマートフォンのアプリのように，関連するソフトウェアを修正して，製品のソフトウェアを遠隔から更新できれば影響は少ないが，ソフトウェアの修正では十分に対応できなかったり，遠隔からソフトウェアを更新する機能を持たない製品では，最悪の場合，製品を回収して修正する必要が出てくる。これは，時間的にも経済的にも大きな損失を生む。加えて，セキュリティの観点では，対象とするサービスや製品の全体構図に対して，信頼できる境域と信頼できない領域を想定したうえで，各製品に求められるセキュリティ機能を設計するので，インタフェースの定義に不具合があると，セキュリティ機能の正しい動作を期待できなくなってしまう。例えば，信頼できないアプリを信頼できるものと間違って想定してしまうと，その信頼できないアプリからのサービス依頼を認証なしで実行してしまうといったことが考えられる。

このように，IoT では，対象サービスやシステムに関連する企業，製品，ソフトウェア等の利害関係者（ステークホルダ）が多いので，それらの存在を十分に意識するとともに，インタフェースを定義，合意し，変化に柔軟に対応していくことが必要となる。

変化の例を考えてみよう。IoT に限らないが，発電所や鉄道システムなどの社会インフラに含まれるコンピュータシステムは，10～20 年またはそれ以上の長期間，適切に稼働することが求められる。その間，社会における技術的な進歩が期待される一方で，セキュリティの脅威も変化（多くの場合，脅威が多くなる）し，また新たな脆弱性も見つかる。それらの変化に対して，どのように対応すべきか，また現実的に対応できるのであろうか？ なかなか適切な答えの出ない難しい課題である。

サービスや製品に対して，企画，開発，運用，廃棄といった一連の流れを，そのサービスや製品の**ライフサイクル**（life cycle）と呼ぶ。社会インフラや，車載制御システム，医療機器，ロケット等，高い信頼性と安全性が要求されているシステムや，今後登場してくる新しい IoT サービスのライフサイクルは，従来の家電や玩具のライフサイクル（おおむね，数年から 5 年程度）に比べて，非常に長くなることが予想される。長期化するライフサイクルにおいて，セキュリティをどのように担保するのか，また，もしセキュリティの一部が侵害された場合でも，ほかの資産への影響を防ぎ，被害を最小化し，元の正常な運用に回復させるかが重要な課題となる。正常な状態への回復に着目する性質を**レジリエンス性**（resilience）と呼ぶ。安全性，セキュリティ，信頼性，保全性，耐久性，レジリエンス性など，利用者が安心して製品やサービスを利用できるようにするために求められる性質を総称して**ディペンダビリティ**（dependability）と呼ぶ。IoT の製品やサービスが，世の中で安心して継続的に利用され続けるためには，その長期的なライフサイクルにおいて，セキュリティとレジリエンス性を含めたディペンダビリティの確保が重要となる。

2.4　IoT 機器のセキュリティの課題

前節で述べたように，IoT の特徴に起因するセキュリティの課題は多く，容易に解決できるものだけではない。ここでは，次世代の自動車を例に，IoT 機器のセキュリティについて具体的に考えてみよう。次世代の自動車では，1 台の車両に，道路や信号機などの道路インフラと通信する路車間通信（vehicle to infrastructure communication：**V2I 通信**），他車と通信する車車間通信（vehicle to vehicle communication：**V2V 通信**），それからクラウド上のサーバと通信する通信（vehicle to cloud communication：**V2C 通信**）などの通信機能が搭載される。さらに，地形や道路情報など比較的変化しにくい地図データに対して，渋滞や工事，故障車，対向車等の走行環境に応じて頻繁に変化する情報を加えて管理する**ダイナミックマップ**をもとに，市街地の交差点や，高速道路の出入口付近で，スムーズかつ安全に走行できるよう支援する機能が検討されている。1 台の車両が，さまざまなものやサービスとつながり，連携することによって，新しい IoT サービスが生まれるという期待がある。

このような次世代自動車においては，従来の車両単体の開発だけでなく，異なるメーカーが開発する，車両やインフラ，クラウドサービスとの連携が必須となる。セキュリティについて考えてみよう。**図 2.1** に示すように，車両単体に対する脅威に加えて，連携する車両やインフラ，クラウドに対する脅威，さらに通信部分に対する脅威が想定される。これらの脅威にすべて対策するのは容易ではないことが想像できるだろう。

本章におけるここまでの内容と，次世代自動車の例を参考にして，IoT 機器に対するセキュリティ対策の課題を整理してみよう。

1. 広範囲のサービスや製品に対して，脅威や脆弱性を網羅的に分析する必要がある。
2. 長期化するライフサイクル全体に対して，セキュリティ対策を組み込む必要がある。
3. セキュリティ対策に投入できるリソース，コストが限られている。
4. 適切な対策を検討するうえで参考となる，規格や業界標準が十分に確立していない。

先に述べたように，セキュリティのリスクを考えるには，資産や脅威，脆弱性を想定する

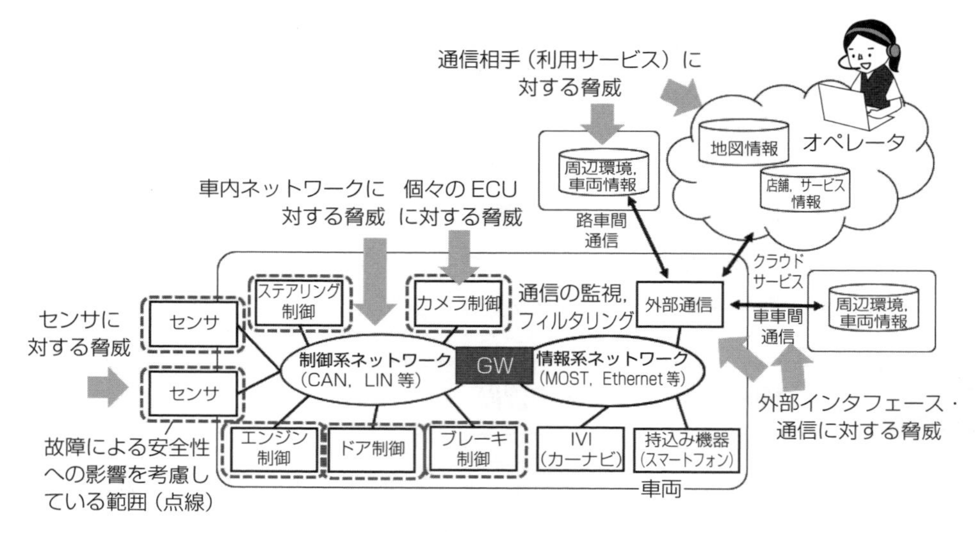

図2.1　次世代自動車に関するセキュリティの脅威

必要があるが，次世代自動車の例を見ても明らかなように，さまざまな企業やサービス，機能が連携するので，幅広い範囲を対象に，脅威と脆弱性を網羅的に洗い出し，リスクを分析することは容易ではない。これが課題1である。

課題2も，すでに述べた通り，特に，社会インフラや高信頼システムと連携する場合には，利用期間が数十年にも及ぶ。加えて，自動車を想像するとわかりやすいが，運用される地域や国も多様である中で，ライフサイクル全体において，適切にセキュリティ対策を組み込む必要がある。

課題3は，特に，低価格で生産数の多い製品に言えることであるが，機器1台のコストをできる限り抑えたいという場合に，セキュリティ対策によるコスト増加をどこまで許容できるか，という判断を下すことが求められる。単純に技術的な問題だけでなく，製品のビジネスモデルや，企業の経営判断にも影響する重要な課題である。

セキュリティは，製品からサービス，業界，社会，国などのさまざまなレベルで議論されるべき話題であるが，最後の課題4は，だれがどこまでの対策を実施すべきかというルールやガイドラインが，IoTではまだ十分に確立していないという課題である。仮に，セキュリティの専門技術者を多数抱える企業であれば対策が可能だとしても，従来，セキュリティをあまり考慮してこなかった分野であったり，中小企業では，どこまで対策をすれば良いのか（製品としてリリースして良いのか，製品リリース後に問題があったらどうすべきか）という判断を下すのは容易ではない。セキュリティは，サービスや製品によって，利用者に対して快適性や利便性を提供するため機能的な要求（機能要求）とは異なり，利用者の安全や安心を守る非機能要求の一つであることから，企業の分野や，企業間で連携して，規格やガイドラインを整備する活動が進められている。もう少し深く考えてみよう。どの資産がどのようなセキュリティに関する性質を満たすべきかというのは非機能要求であり，規格や標準として共通化しやすい。それに対して，セキュリティ要求を満たす適切な方法は，製品やサービスごとに異なってくる。例えば，利用者が本人であることを確認したいという要求に対しては，パスワードを入力させる方法，指紋を確認する方法，顔を認識する方法などがある。製品に機能を追加することによってセキュリティ要求を満たそうとする場合，それらは機能要求となる。IoT においても，セキュリティが社会的かつ国際的な課題であると認識され，国際規格や業界標準の整備が急速に進められている。これらの規格やガイドライン自身も，社会の変化に対応するために，継続的に維持，更新される必要がある。

2.5 IoT 機器のためのセキュリティ対策

今後も増え続ける IoT 機器には多くの課題があるが，やはり最低限備えるべきセキュリティ対策を施したサービスや製品が社会に普及し，広く利用されるというのが望ましい姿と言えるだろう。そのためには，「最低限備えるべき対策」とはなにか？ という本質的な議論が必要であり，現在，規格やガイドラインを整備する活動が進められていることは先に述べた通りである。加えて，製品を開発するメーカーだけでなく，利用者自身もセキュリティに関心を持ち，製品の利用に際して，注意を払うことも重要である。

すべての機器は，その機能やデザイン，価格等を構想する企画の段階から，実際にモノをつくる開発，製造を経て，社会に流通する。実際に社会で利用される運用の段階で，故障やトラブルが発生すると，メーカーやサポート企業によってその製品を保守することで，再び利用できるようになる。なんらかの理由によって，利用者が利用を停止する，もしくは手放される場合には，廃棄，ないしは再利用される。このように製品には，人間と同じように，誕生から死までを意味する循環があり，これを製品のライフサイクルと呼ぶ。

図 2.2 に示すように，製品のライフサイクルにおいて，各段階で必要なセキュリティ対策は多岐に渡る。

企画，開発段階を見てみよう。製品のメーカーにおいて，製品に関するセキュリティのリスクを洗い出し（リスク分析），どのようなリスクに対して，どこまで対策するか，逆にどのリスクには対策しないか（許容するか）を判断するリスク評価が実施される。その結果をもとに，製品に組み込まれるセキュリティ機能の要求仕様を作成する。セキュリティ機能としては，例えば，利用者本人であることを確認する認証機能や，機器内に保存したデータの機密性を保証するための暗号化，復号化機能，インターネットに接続する機器であればマルウェアの侵入を検知する機能などがある。

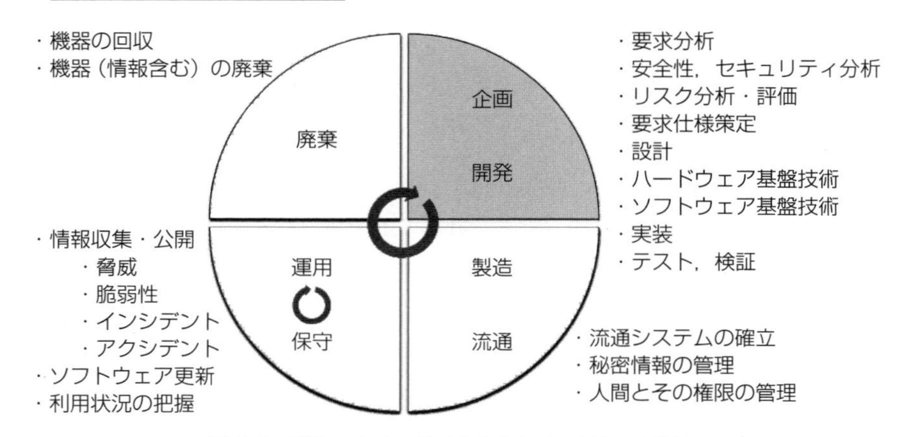

図 2.2　製品のライフサイクルとセキュリティ対策例

設計，実装を通じてセキュリティ機能が開発され，テスト，検証によって，実装したセキュリティ機能が要求仕様を満たしているかことを確認する。このように，機器の企画，開発，設計段階で，可能な限りセキュリティ対策をつくり込むことを，**セキュリティバイデザイン**（security by design）と呼ぶ。製品に対して，メーカー（開発者）が影響を与えるという意味では，ここまでの段階が比較的影響を与えやすく，製品のリリース前に，機器に対して直接的に対策を入れ込む最後の段階であるので，開発者視点によるセキュリティ対策として特に重要視すべき段階である。

開発された機器は，製造，流通段階を経て，世の中の利用者の手に渡る。この段階においてもセキュリティの対策が必要である。例えば，製品に搭載される**暗号**，**復号**用の**鍵情報**を適切に管理しながら製品に組み込んだり，マルウェアが製品に入り込まないようにするために，関係者の役割と権限を明確化し適切に管理するといったことが必要である。これまでセキュリティを強く意識してこなかった製品では，製造から流通に関係する企業や人材を再度確認し，必要な知識を教育によって補う，提供する情報を限定する，作業履歴をあとから確認できる仕組みを取り入れるなどの対策を検討したい。

製品が利用者の手に渡ると，製品や関連するサービスの運用段階になる。運用段階では，製品に関する脅威や脆弱性の情報や，発生してしまった**事故**（**アクシデント**）への対応，事故には至っていないが改善が求められる**事象**（**インシデント**）の情報を収集し，対応する。利用者が多く，かつ広く対策を周知する必要のある脅威や脆弱性に関しては，情報を公開して，利用者への注意喚起をし，必要に応じて，製品回収やソフトウェアの更新作業等の行動を促すことが求められる。工場や施設内など，利用者が限定される場合には，個別に保守することが可能であるが，家庭用機器や個人向け機器など，一般の利用者に広く利用される製品においては，個別に保守することが困難であるので，利用者との有効なコミュニケーション手段を継続的に確立する，ないしは機器を遠隔から管理できる仕組みが求められる。

ハードウェアの修正や取替が必要な場合は，製品の利用を停止して回収するしかない状況も考えられるが，ソフトウェアの修正については，今後は容易になっていくことが期待される。現時点では，利用者に手元にある製品のソフトウェアを更新する場合，利用者自身が情報を入手し，新しいソフトウェアをダウンロードしてきて，手順書を見ながら機器のソフトウェアを更新するといったことが想定されている製品も存在するが，今後は機器自身がインターネットにつながり，遠隔からソフトウェアを更新する仕組みが広く普及すると期待される。

多くの製品は，製品の買い替えや，部品の経年劣化による故障など，なんらかの理由によって，最終的には廃棄，処分される。廃棄の段階においても，セキュリティに関して注意が必要である。廃棄され，利用者の手から離れた IoT 機器には，個人情報や設定情報などのデータが残っている可能性がある。加えて，機器そのものを分解，解析することによって，どのような部品がどのような数，使用されているのかといったハードウェアの情報を第3者が獲得できる可能性がある。

もちろん，一般に販売され，容易に入手可能か機器であれば，運用段階からつねにこのようなリスクは存在するわけだが，一般に入手が難しい機器，設備等は，廃棄段階において適切に管理，処分するよう注意する必要がある。国や自治体，業界による管理や廃棄の手順についてルールが存在しない場合には，例えば，インターネットオークションやごみ処理場から，機器を入手できる可能性を残すことになる。過去には，このような経路で，航空機や自動車の制御コンピュータが出回り，解析された事例もある。機器が第三者の手に渡ることで，すぐに問題が発生するとは言い切れないが，新たな脅威の発生や，脆弱性の発見につながる可能性がある。つまり，セキュリティのリスクの向上につながるというわけである。

2.6 IoT を活用したセキュリティサービス

IoT によってモノとモノがつながって連携できるようになると，これらをうまく活用することで，非常に有効なセキュリティ対策を実現できる可能性がある。物理的な資産を守る物理セキュリティ対策と，サイバー空間上の資産を守るためのサイバーセキュリティ対策の両面で活用できる可能性があるが，ここでは，物理的な資産を，物理的なセキュリティ対策とサイバー的なセキュリティ対策の両面から向上させる方法を考えよう。

図2.3 に示すように，ある家庭での物理セキュリティを考える。ここでの資産は，室内にあるモノと家族の健康，生命だとする。現在，世の中で提供されているセキュリティ対策は，例えば，古典的には，金庫，玄関の物理鍵，窓がある。少し高度になると，人の動きを検知する人感センサや，窓やドアの開閉を検知する開閉センサを家内に取り付ける製品や

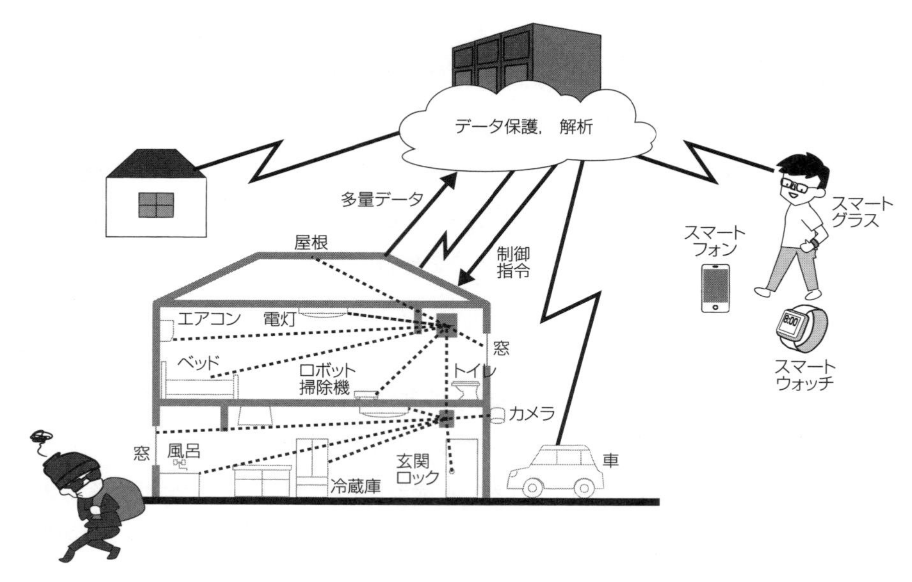

図 2.3　IoT を活用したスマートハウスのセキュリティ対策

サービスが存在する。家を空ける際に，それらのセンサによる検知を有効化し，無人であるはずの室内において，センサが反応した場合には，不審者が侵入したと判断して，利用者や，遠隔の管理者に通知するというホームセキュリティも一般的になっている。専用の機器や管理者がいるので，対策としての強度は高いが，当然ながら費用も掛かる。

同様のセキュリティ対策を，IoT 機器を使って実現することを考える。ドアセンサや人感センサ，また監視カメラを，家庭内の Wi-Fi アクセスポイントや専用通信端末を使って相互に接続し，情報を収集する。収集された情報を利用者のスマートフォンでいつでも確認できたり，家を離れている間にセンサが反応した場合には，それらのイベントを通知する機能を実現する。専用の機器や管理者を使わず，比較的安価に，家庭の物理的なセキュリティを高めることができる。このような監視機能を支援する IoT 機器も，すでに販売されている。

室内に設置された各種センサからの情報を解析することで，不審な行動や人の侵入を検知するだけでなく，住人の行動を見守る目的にも活用できる可能性がある。例えば，一人で生活するお年寄りがいるとする。通常の生活をしていれば，ドアの開閉やリビングへの出入り，冷蔵庫の開閉，水道の利用など，室内の設備を必ず利用しているはずである。そこで，これらの設備にセンサを設置し，お年寄りの行動を見守ることを考える。例えば，夜 8 時〜朝 5 時以外に布団に設置したセンサが継続的に反応するとか，朝 7 時〜夕方 7 時までの間，室内の冷蔵庫やトイレ等の設備を使用したセンサがまったく反応しないという状況になった場合，お年寄りが布団から出られていないとか，室内でなんらかの理由で行動できない状況にあるといった推測が可能になる。そのような状況を，家族に通知し，お年寄りの様子を見に行くことで，深刻な状況を未然に防ぐことができる可能性がある。毎日飲むべき薬の残量も，見守り対象に入れると効果がありそうである。飲み忘れを防止するだけでなく，誤飲や過剰摂取もわかるし，飲んだタイミングもデータとして残れば，本人や家族だけでなく，医療を提供する医療従事者にも有益な情報となる。24 時間，つねにカメラで監視するといった方法に比べると，見守る側も見守られる側もおたがいに，心理的，体力的な負担を軽減できる。

現在の住宅においても，例えば，玄関や階段に設置された人感センサによって，人を検知し，蛍光灯や電球の電源を自動で ON，OFF することができる。IoT がさらに進化すると，センサによって収集されたデータを基に，さらに高度に機器や設備を制御することが可能になる。例えば，お風呂の設備の操作情報から，住人が，平日は夜の 9 時ごろにお風呂に入る習慣であることを学習しておき，夜の 8 時半になった時点で，住人が家にいる状況であれば，自動的に，脱衣所のエアコンを入れ，お風呂を沸かすといったことも実現できる可能性がある。急な用事が入って外出するときや，発熱があって体調が悪いときなどは，これらの自動的な動作を一時的に停止すれば良い。体調不良の際には，掛かりつけの病院の空き状況を検索し，翌日の予定を踏まえて予約を入れるといった先回り機能もほしくなる。IoT によるサービスの本質は，単にモノとモノがつながるというだけではない。大量のセンサ情報を収集，解析し，利用者や住人の状況や行動を判断し，さらにそれぞれの利用者や住人の趣味や嗜好に合わせて，機器や設備が自動的に制御され，かつそれが最適化されていくことが重要である。住めば住むほど，自分に馴染み，安全を確保してくれる住宅というのは，魅了的ではないだろうか？

コラム：ちょっと見てみよう！ サイバーセキュリティ基本法

サイバーセキュリティ基本法の第 1 章第二条において，サイバーセキュリティとは，「電子的方式，磁気的方式その他人の知覚によっては認識することができない方式（以下この条において「電磁的方式」という。）により記録され，又は発信され，伝送され，若しくは受信される情報の漏えい，滅失又は毀損の防止その他の当該情報の安全管理のために必要な措置並びに情報システム及び情報通信ネットワークの安全性及び信頼性の確保のために必要な措置（情報通信ネットワーク又は電磁的方式で作られた記録に係る記録媒体（以下「電磁的記録媒体」という。）を通じた電子計算機に対する不正な活動による被害の防止のために必要な措置を含む。）が講じられ，その状態が適切に維持管理されていることをいう。」と規定されています。難しい文章ですね。さて，サイバーセキュリティとは，資産か，脅威か，対策か，それ以外を指すのか，わかりますか…？

章末問題

【2.1】新聞やニュースを見て，サイバーセキュリティに関する記事を一つ見つけ，資産，脅威，脆弱性がなにかを整理せよ。

【2.2】図 2.1 を参考に，物理セキュリティとサイバーセキュリティで違う点を列挙せよ。

【2.3】身近な組込み/IoT 機器に不足していると思われるセキュリティ対策を列挙せよ。

【2.4】図 2.4 に示したような，IoT を活用したスマートハウスのセキュリティ対策が実現したときに，停電やネットワーク障害が発生するとどうなるかを想像し，発生する問題点やその対策を提案せよ。

【2.5】IoT によって実現できると考えられるセキュリティサービスを提案せよ。

3. コンピュータアーキテクチャ

IoT デバイスは，ソフトウェアが動くマイクロプロセッサを用いることを前提としている。ただし，マイクロプロセッサだけでソフトウェアを動作させることができるのではなく，メモリシステムや入出力を合わせたコンピュータアーキテクチャを構成する必要がある。この章では，プログラミング言語で書かれたソフトウェアを，実際にロボットや IoT デバイス上で動かすために必要な，マイクロプロセッサ，メモリといったコンピュータアーキテクチャについて理解する。また，付随する技術として，コンパイラや開発フロー，割込みや処理性能に関しても併せて理解する。

キーワード：コンピュータアーキテクチャ，マイクロプロセッサ，メモリ，演算，メモリアクセス，入出力（I/O），割込み，処理性能

3.1 疑問：ソフトウェアが動作する仕組み

実際にプログラムを書いたり，動かしたりといった経験を積むと，以下のような疑問を持つのではないだろうか？

- **プログラミング言語**で書かれたソフトウェアは，**コンパイラ**によって**機械語命令**に変換されて，どのようにして実際に動作するのだろうか？
- **マイクロプロセッサ**や**マイコン**（**マイクロコントローラ**）と呼ばれる**半導体 LSI チップ**は，機械語命令をどのように実行するのか？
- 数値を計算する**コンピュータ**（**計算機**）が，どうやって，センサ入力やネットワーク通信，モータ制御出力をすることができるのか？
- コンピュータの処理性能はなにで決まるのか？ どうやったら，もっと処理性能を上げられるのか？

これ以降，上記の疑問に答えるように，用語の解説を交えながら，ロボットや IoT デバイスを構成するために用いられる，コンピュータアーキテクチャおよび付随する技術について説明する。

3.2 コンピュータアーキテクチャの基本的な構成要素

コンピュータアーキテクチャ（computer architecture）とは，**コンピュータ**（computer, **計算機**）における基本的な構成や設計のことを言う。アーキテクチャとは元来，建築物や建築様式・構造を示す言葉である。すなわち，コンピュータを構成する電子回路の詳細な構成には立ち入らず，ハードウェア構造・配置やデータの流れや制御の構造を抽象的に示したものが，コンピュータアーキテクチャである。

図3.1にコンピュータアーキテクチャの一例を示す。図中には，マイクロプロセッサや**メモリ**，**入出力デバイス**（センサ，外部記憶，ネットワーク）など，IoT デバイスを構成するために必要な主要部品が描かれている。また，この図には具体的な電気信号や論理素子といった詳細については書かれておらず，箱や矢印でデータや制御の流れや方向を抽象的に示しているのみである。

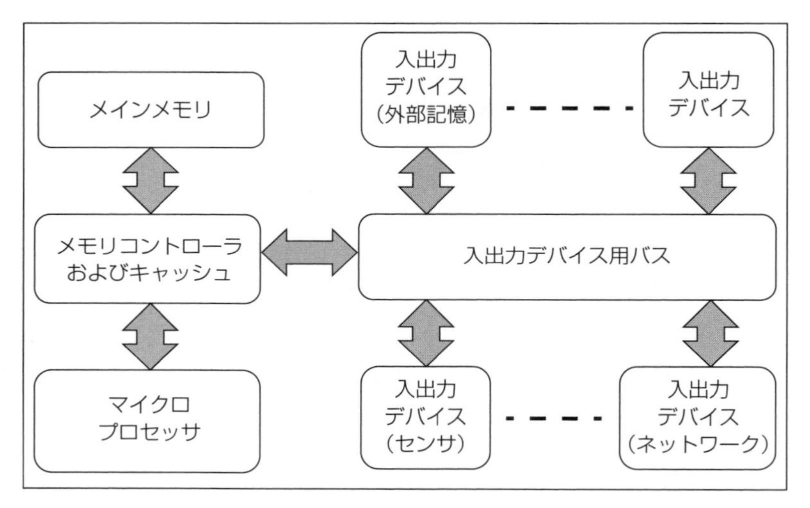

図3.1　コンピュータアーキテクチャの例

なぜこのように部品を配置して接続するのであろうか。この構成はあくまで一例であるが，そこには，データの無駄な移動を省き，IoT デバイスに必要な処理を効率良く行うための工夫が盛り込まれている。一般住宅のアーキテクチャに置き換えて考えてみると，住む人にとって便利なように，無駄な移動をしなくて済むような部屋や設備の配置を行ったり，適切な通路の広さを確保したり，人と人とが出合い頭にぶつからないような配慮がなされている。また以上の機能・目的を限られた敷地面積と予算で行う工夫が盛り込まれている。

以降はこの図で示す例を用いて，一般的なコンピュータアーキテクチャを構成する基本的な要素とその意味を説明する。

3.2.1 マイクロプロセッサとメインメモリ

マイクロプロセッサ (micro processor) とは，あらかじめ定めた**命令** (instruction) を一つずつ実行するものである。プロセッサとは英語で「処理をするもの」という意味であり，それが微細な半導体 LSI チップ (数ミリ角) 上に実現されていることから「マイクロプロセッサ」と呼ばれる。処理を行うための一連の命令を並べたものが**プログラム** (program) である。プログラムは柔軟に書き換え可能であることから，**ソフトウェア** (software) とも呼ばれる。マイクロプロセッサは**メインメモリ** (main memory，**主記憶**) に格納されている命令を**メモリコントローラ** (memory controller) を通じて読み出し**実行** (execution) することで，プログラムに従ったさまざまな処理を行うことができる。メインメモリは，マイクロプロセッサから**アドレス**† (address，**番地**) を指定してデータを自由に読み書きできる記憶装置である。メモリコントローラを含まないマイクロプロセッサの中心部を特に**プロセッサコア** (processor core) と呼ぶこともある。複数のコアを含んだプロセッサを，**マルチコアプロセッサ** (multi-core processor) と呼ぶ。

3.2.2 演算のためのデータ移動とメモリ階層

マイクロプロセッサの主要な役割は演算処理を行うことである。算術演算や論理演算を行うためのマイクロプロセッサ内の部品は，**ALU** (Arithmetic and Logic Unit，**算術論理演算装置**) と呼ばれる。マイクロプロセッサは，**メモリアクセス** (memory access) 命令に従い，メモリコントローラを通じてメインメモリに置かれたデータを読み取り，一時的にマイクロプロセッサ内の**レジスタ** (register) に書き込む。レジスタは，マイクロプロセッサ内に置かれた最も高速に読み書き (アクセス) 可能なメモリであり，一般的な IoT デバイス用のマイクロプロセッサには 32 bit のものが 16〜32 個程度用意されている。レジスタの値に対して演算を行い，結果をレジスタに書き戻すことで処理を進めることができる。また，レジスタの値をメインメモリに書き込むことで結果を保存する。

一般的な IoT デバイスで用いられるメインメモリの大きさ (容量) は，数 MB (Mega-Byte，メガバイト，2 の 20 乗バイト = 約 10 の 6 乗バイト) から数 GB (Giga-Byte，ギガバイト，2 の 30 乗バイト = 約 10 の 9 乗バイト) である。これは，レジスタの容量と比べると非常に大きい。例えば，32 bit のレジスタ 32 個というのは，32 bit は 4 byte であること (8 bit=1 byte) から 128 byte の容量に相当する。すなわち，マイクロプロセッサ (コア) が内部に記憶できるデータ量は，メインメモリと比べると非常に小さいこ

† アドレスという用語は，本節においてはメモリ上の要素を区別するために用いられているが，1.1 節においてはネットワーク上の機器を識別するために用いられている。前後の文脈によって意味が異なるので注意する必要がある。

とがわかる。

このように，メインメモリは大容量だが（比較的）読み書き速度（アクセス速度）が低速であり，レジスタは小容量だが高速な読み書きが可能である。この速度差を吸収するために，中間的な性能とデータ量を持つ**キャッシュメモリ**（cache memory）を，マイクロプロセッサとメインメモリの間に設けることが多い。**キャッシュ**とは一度読んだデータを再利用する機構である。キャッシュメモリは単にキャッシュとも呼ばれ，命令のためのキャッシュは命令キャッシュ，データのためのキャッシュはデータキャッシュと呼ばれる。キャッシュメモリの働きにより，メインメモリへのアクセスを行わずに命令とデータの読み書きを高速化し，演算性能を向上することが可能である。

IoT デバイスで用いられるマイクロプロセッサにおいては，数十 KB（Kilo-Byte，キロバイト，2 の 10 乗バイト ＝ 約 10 の 3 乗バイト）程度の大きさのキャッシュが一般的である。一方，PC やサーバ用の高性能なマイクロプロセッサにおいては，数 MB 程度の大きさのキャッシュを用いて性能向上を追求し，そのためにハードウェア資源・コスト・電力を惜しみなく投入するという違いがある。一方，小型・低価格・低消費電力であることを求められる IoT デバイスにおいてはハードウェア資源・コスト・電力の制限が厳しいことが多い。そのため，IoT デバイスにおいて演算の高速化を考える際にはデータの移動をいかに高速に効率良く行うかがカギである。

以上で説明したように，メインメモリ，キャッシュメモリ，レジスタ，といった一連のメモリ群は，大容量（低速），中容量（中速），低容量（高速）という**メモリ階層**（memory hierarchy）を形成していると考えられる。性能を意識したプログラムの開発のためには，メモリ階層を意識することが必要である。

3.2.3　入出力デバイスとバス

IoT デバイスにおいては，センサデバイスから測定値を読み出したり，SD カード等のフラッシュメモリ（外部記憶装置）に測定値を記録したり，ネットワークを通じてサーバとの間でデータを送信・受信したり，という入出力が必要である。そのため，演算とデータ移動だけではなく**入出力**（Input/Output，I/O）もマイクロプロセッサにとって重要な役割である。メモリとマイクロプロセッサの間だけでのやり取りだけでは，外部からデータを入力することも，演算結果を外部に取り出すこともできない。

センサや外部記憶装置・ネットワークといったデバイスへのアクセスはどのように行ったら良いのであろうか。一つの考え方は，マイクロプロセッサに専用の入出力命令と専用回路を設けることである。もう一つの考え方は，メモリコントローラがマイクロプロセッサからメモリに対する特定のアドレスに対するアクセス要求を識別し，メインメモリへのアクセスは行わず入出力デバイスへのアクセスを行うように構成することである。後者の入出力デバイスへの読み書きの仕組みのことを**メモリマップド入出力**（memory-mapped I/O）と言う。

図3.1の構成例においては，複数の入出力デバイスが，入出力デバイス用バスを介してメモリコントローラに接続されている。複数の回路モジュールを電気的に接続するときに用いられる機構が**バス**（bus）である。バスは，元来は共通信号線方式のことであり，その名の通り信号が乗り合うことを意味する。1対1の専用信号線による接続と比較して，接続相手が多くなった際に配線の数（ハードウェア資源）を減らすことができるメリットがある。その一方，信号線が混雑すると待ち時間が増大するデメリットがある。すなわち，バスと専用信号線をどのように用いるかが，コンピュータアーキテクチャにおける**資源と性能のトレードオフ**（resource-performance tradeoff）の一つとなる。

3.3 マイクロプロセッサの動作

前節ではIoTデバイスにおけるコンピュータアーキテクチャの構成例を，特にマイクロプロセッサを中心にし，いくつかの主要な構成要素について説明した。この節では，マイクロプロセッサがどのように動作してソフトウェアを実行するのかを，2段階で説明する。最初に，**C言語**で書かれたプログラムにおける変数とメインメモリ上の配置と，それに基づく動作を理解する。つぎに，C言語で書かれたプログラムがどのような命令列になるのかを解説してマイクロプロセッサの命令レベルの動作を理解する。

3.3.1 C言語レベルの動作

C言語で書かれたプログラムが，どのようにしてマイクロプロセッサの命令になって実行されるかを考えよう。**図3.2**にC言語で書かれた簡単な足し算のソースコードの例を示す。この例では，a，b，cという三つのint型変数を一行目に宣言し，二行目で変数aと変数bの足し算を行い変数cに格納する，という動作を行う。

まず，変数とはなにか，を考えてみよう。変数は値の入れ物で，値を書き込んだり読み出したりできるメモリと考えられる。そのため通常C言語の変数は，**図3.3**に示すようにメインメモリ上に割り当てられて存在すると考える。この例では変数aが0×1040番地，変数bが0×1030番地，変数cが0×1020番地に割り当てられたと考えよう。

マイクロプロセッサは，変数aの値を0×1040番地からまず読み取る。つぎに，変数bの値を0×1030番地から読み取る。そして，a+bの演算を行い，結果を変数cの割り当て番地である0×1020番地に書き込む。こうすることで，C言語のソースコードに対応した動作が行われることがわかる。

```
int a,b,c;
//（中略）
c=a+b;
```

図 3.2　C 言語ソースコードの例

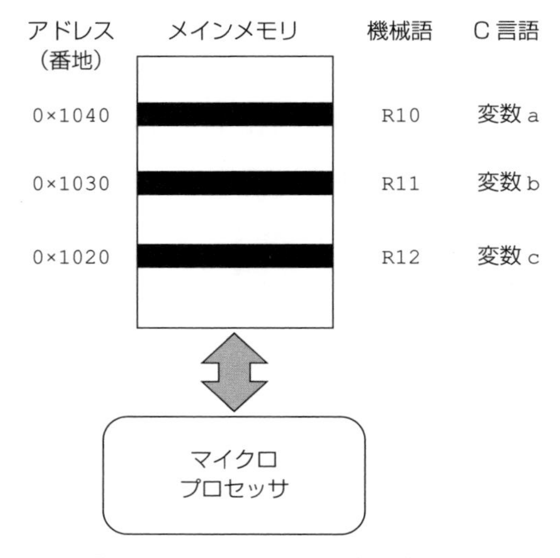

図 3.3　メインメモリへの変数割り当て

3.3.2　命令レベルの動作

もう少し詳しいマイクロプロセッサの動作を考えよう。マイクロプロセッサにおいて，命令は数 10 から数 100 程度定められていることが一般的である。このような命令群のことを**命令セットアーキテクチャ**（Instruction Set Architecture：ISA）と呼ぶ。世の中には多くの種類のマイクロプロセッサがあり，ISA も数多く存在する。一般的に ISA に定められた命令は，五つに大別できる。すなわち，① データ転送命令，② 演算命令，③ プログラム制御命令，④ 入出力命令，⑤ その他の制御命令である。

5 種類の命令に関して，具体的なコード例を用いて説明しよう。**図 3.4** に，図 3.2 の C 言語プログラムに対応する機械語コードの例を示す。図の機械語コードは 1 行が一つの命令を表しており上から下に，マイクロプロセッサにより一つずつ解釈され実行される。命令は，命令の種類と対象から構成され，命令の種類のことを**オペコード**（opcode），命令の対象のことを**オペランド**（operand）と言う。ここでは，LD/ADD/ST がオペコードであり，R1/R2/(R10) といったものがオペランドである。また，機械語コードは実際には数値としてメインメモリ上に格納しておき，マイクロプロセッサがメモリアクセスにより読み出して逐次実行される。文字で書かれた機械語コードを，数値の機械語コードに変換する作業のことを**アセ**

```
int a,b,c;
//（中略）
c=a+b;
```

```
LD  R1,(R10)
LD  R2,(R11)
ADD R3,R1,R2
ST  R3,(R12)
```

図 3.4　C 言語コードおよび機械語コードの対応例（その 1）

ンブル (assemble) と言い，その作業を行うツールを**アセンブラ** (assembler) と言う。また，プログラム実行時にマイクロプロセッサが命令を読み出すことを**命令フェッチ** (instruction fetch) と呼ぶ。

引き続き機械語コードの実行を考えよう。この機械語コード実行の前提として，図3.3に示すように，R10 レジスタには変数 a の割り当て番地である 0×1040 という値が格納されているとする。また，R11 レジスタには，変数 b の割り当て番地である 0×1030，R12 レジスタには変数 c の割り当て番地である 0×1020 という値が格納されているとする。

〔1〕 **データ転送命令**　**データ転送命令**は，演算対象となるデータをメインメモリ上からマイクロプロセッサ内のレジスタに転送するための命令，およびレジスタ上のデータをメインメモリ上に転送するための命令である。データ転送命令の例として，1 行目の読み出しメモリアクセスを行う**ロード** (load) **命令** (例：LD R1, (R10)) を考えてみよう。この命令は，R10 で示されるアドレスから値を読み出して，レジスタ R1 に格納する。また，2 行目の命令では，同様に R11 で示されるアドレスから値を読み出して，レジスタ R2 に格納する。

演算結果をメインメモリに書き込む際は，4 行目の書込みメモリアクセスを行う**ストア** (store) **命令** (例：ST R3, (R12)) を実行することで，R12 で示されるアドレスに，R3 のデータを書き込む。

〔2〕 **演算命令**　演算命令は，算術演算や論理演算を行うための命令である。例として，3 行目の二値の加算命令 (例：ADD　R3, R1, R2) を考えてみよう。この命令は R1 と R2 というレジスタの値を読み出して加算し，R3 というレジスタに書き込むという動作を行う。

上記のデータ転送命令と組み合わせて実行した結果として，メインメモリ上 (R10) と (R11) の二値の加算が行われ，結果が (R12) に格納される。

〔3〕 **プログラム制御命令**　プログラムの実行の流れを変更するために用いるのが，プログラム制御命令である。通常，マイクロプロセッサはメインメモリ上に格納された命令を順番に実行する。このとき，命令を読み出すアドレスを格納する特別なレジスタを**プログラムカウンタ** (Program Counter：PC) と言う。通常，PC は一つずつ増加してつぎの命令を指すようにする (1 命令が 4 byte の場合は，4 ずつ増加する)。しかし，条件に応じてプログラムの実行の流れを変更するためには，PC を指定の値に書き換える。このことを**分岐** (branch) と言い，分岐を行う命令を分岐命令と言う。例えば，C 言語の if 文，for 文，while 文を実現するためには，判定条件の式の値に応じてプログラムの流れを変更する機械語コードを準備する必要がある。分岐については，つぎの 3.3.3 項において具体的な例を説明する。

〔4〕 **入出力命令**　図3.1に示すコンピュータアーキテクチャにおいて，入出力デバイスに対して読み書きを行うための命令が，入出力命令である。複数の入出力デバイスを区別するため，メインメモリ同様にアドレスを用いてアクセス先を区別することが一般的である。また，先に述べたようにマイクロプロセッサの種類によっては，特別な入出力命令を持たず，データ転送命令の実行時に，特定のアドレスへのメモリアクセスを，入出力デバイスへのアクセスとして扱う方式（メモリマップド入出力）が広く用いられる（3.2.3項参照）。

〔5〕 **その他の制御命令**　上記の命令のほかに，プロセッサを実行する権限モードに関する命令（特権ユーザ，一般ユーザの切り替え），割込みモードに関する命令（割込み許可・禁止の制御），などを持つマイクロプロセッサもある。詳しくは3.4節にて説明する。

3.3.3 少し複雑な機械語コードの例

本項では，C言語の if 文に相当する，少し複雑な機械語コードを説明する。**図3.5**には，C言語コードおよびそれに相当する機械語コードの例が示されている。C言語コードは，変数 a の値が1であれば b に8を代入し，そうでなければ（else）変数 b に5を代入するという動作となる。

```
int a,b;
//（中略）
if(a==1){
      b=8;
}else{
      b=5;
}
```

```
 1.        LD     R1,(R10)
 2.        CMPI   R1,#1
 3.        BZ     IF_TRUE
 4.   IF_FALSE:
 5.        LDI    R2,#5
 6.        ST     R2,(R11)
 7.        B      IF_END
 8.   IF_TRUE:
 9.        LDI    R2,#8
10.        ST    R2,(R11)
11.   IF_END:
```

図3.5 C言語コードおよび機械語コードの対応例（その2）

1行目の LD 命令は，R10 が示すアドレスに格納されている変数 a の値を R1 レジスタに読み出す。以降，機械語コードにおいては先ほどの例と同様に，変数 a，b がそれぞれ R10，R11 に割り当てられていると考えよう。

2行目の比較命令（CMPI）は，R1 の内容と数値の1を比較するための命令[†]である。数値の1を機械語コードの中に埋め込む場合，その数値は**即値**（immediate）と呼ばれる。比較の結果，R1 の内容と数値の1が一致した場合にゼロフラグレジスタ（Z）に1を，一致しな

† 即値との比較（compare with immediate）であるため CMPI という命令とした。

い場合は z に 0 をセットすることにしよう。すると，つぎの 3 行目の分岐命令（BZ）において，比較の結果に応じた条件分岐を行うことができる。すなわち，もし z=1 であれば“IF_TRUE”というラベルが付けられたアドレスに PC（プログラムカウンタ）を設定し，そうでなければ通常通りつぎの命令に実行を移す。このように，マイクロプロセッサ内に適宜特殊なフラグレジスタを用意することによって，条件分岐を実現することができる。

4 行目の IF_FALSE，8 行目の IF_TRUE，11 行目の IF_END は，機械語コードの中では**ラベル**（label）と呼ばれる。ラベルの文字そのものには特に意味はなく任意の名前を付けることができる。分岐命令における分岐先アドレスを指定したり，データのアドレスを指定する等に使うことができる。IF_FALSE は機械語コードからは参照されていないが，機械語コードの読みやすさの目的で配置した。

5 行目からは，C 言語の else 節に相当する処理が行われる。LDI（LoaD Immediate）命令は即値をロードする意味であり，R2 に即値の 5 を書き込む。6 行目で変数 b のアドレスを保持している R11 レジスタが示すメインメモリに R2 の内容（すなわち 5）を書き込む。7 行目では，無条件分岐により IF_END が示すラベルへ実行を移す。

一方，3 行目の BZ 命令で分岐するケースでは，if の条件が TRUE でアドレスが 9 行目の LDI 命令が実行され，R2 レジスタには即値の 8 が書き込まれる。10 行目以降の処理は else 節と同様である。

以上，命令がどのような動作を行うかについて説明した。なお，マイクロプロセッサの内部にてどのように命令を実行するか，については説明を省略する。この分野は，**マイクロアーキテクチャ**（microarchitecture）と呼ばれるため，興味がある人はぜひ調べてみてほしい。

3.3.4 コンパイラと開発フロー

これまで見てきたように，機械語コードはマイクロプロセッサが実行するための命令の列であるため，人間が理解することは困難である。そのため，人間に理解しやすいプログラミングを目的として，多くの種類のプログラミング言語が発明されてきた。そして，プログラミング言語から，機械語による**実行可能コード**（executable code）を生成するための**コンパイラ**（compiler）が発明された。このコードは人間には読みにくくマイクロプロセッサによる機械語で構成されることから，**実行可能バイナリ**（executable binary）とも呼ばれる。コンパイラにより実行可能コードを生成する工程のことを**コンパイル**（compile）と呼ぶ。

図 3.5 に，コンパイラを用いたソフトウェアの開発フロー例を示す。ここに示すように，IoT デバイスのためのソフトウェアの開発においては，開発環境と実行環境が異なる場合がある。すなわち，IoT デバイスの搭載するマイクロプロセッサとして低消費電力・小規模な

ものを用いる場合に，そのマイクロプロセッサは処理性能が高くないためコンパイルに膨大な時間が掛かるため，開発環境には処理性能が十分高い一般的な PC を用いることが望ましい。この際のコンパイルのことを，**クロスコンパイル** (cross compile)，と言い，その際に用いられるコンパイラのことを**クロスコンパイラ** (cross-compiler) と言う。また，IoT デバイスの実行環境のことを**ランタイム** (runtime) もしくは**ターゲット** (target) システムもしくはデバイスと呼ぶ。

コンパイル後の実行コードを，実行環境にて実行するためには，なんらかの方法で実行コードを実行環境に転送する必要がある。**図 3.6** の例では，実行環境の外部記憶装置に実行コードを配置し，入出力デバイスを経由し実行する方法が示されている。近年の IoT デバイスの開発においては，SD メモリカードなどを用いて外部記憶装置経由で転送することが一般的であるが，USB 端子経由などで開発用デバッガ装置などを用い，メインメモリ上に直接配置することも可能であることが多い。

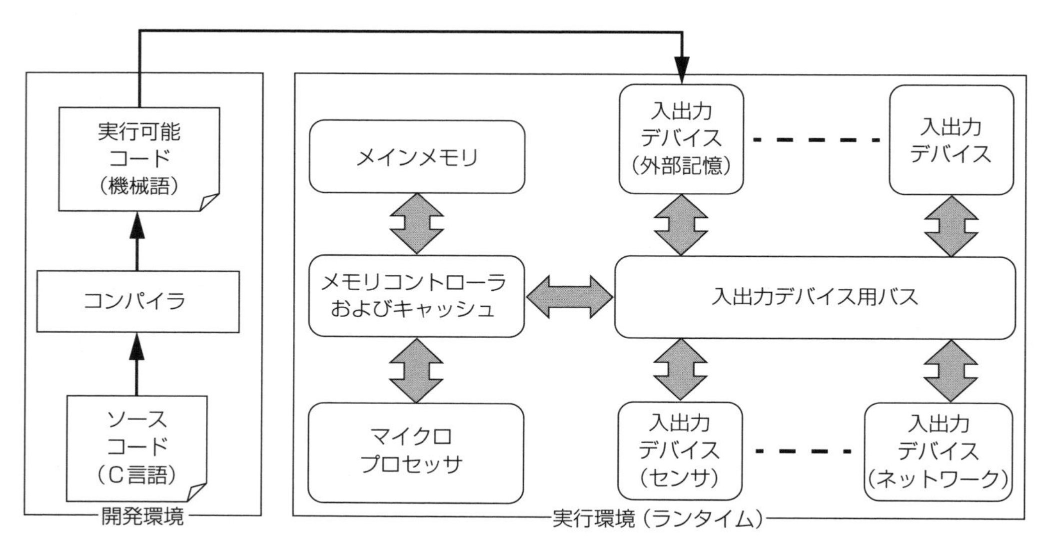

図 3.6　コンパイラと開発環境・実行環境の関係

3.4　マイクロプロセッサとソフトウェア

前節までに，マイクロプロセッサを中心としたコンピュータアーキテクチャの主要な構成要素と，コンパイラ・開発フローについて説明した。マイクロプロセッサのうえでのソフトウェア実行が逐次的な一つの流れ（シングルタスク）であれば，これまで説明したコンピュータアーキテクチャで話は完結するであろう。しかし，IoT デバイスをはじめとした近代的なコンピュータシステムにおいて，取り扱う入出力や処理の数は多いためにソフトウェアの実行は複数の流れ（マルチタスク）になることが多く，オペレーティングシステムによってソフトウェアの開発を効率化する必要がある。本節では，コンピュータアーキテクチャからソフトウェアを含めたコンピュータシステム全体に視点を拡げ，IoT デバイス技術者が理解しておくべき一連の重要な技術について説明する。

3.4.1 ポーリングと volatile 修飾子

シングルタスク（4.2.3 項参照）の単純な例として，ボタンが押されたら，ある処理を開始するというシステムを考えよう。このシステムは，マイクロプロセッサとソフトウェアを用いてどのようにすれば実現可能だろうか？

図 3.7 に，ボタンが押されたら LED を点灯し処理を開始する C 言語プログラムの例と，想定するハードウェア構成を示す。基本的な考え方は，最初 LED を消灯しておき（3 行目），4 行目から 7 行目の while 文によるループの中でボタンの状態を読み出してチェックし，ボタンが押されていたら break 文によりループを脱出し，LED を点灯する（8 行目），というものである。

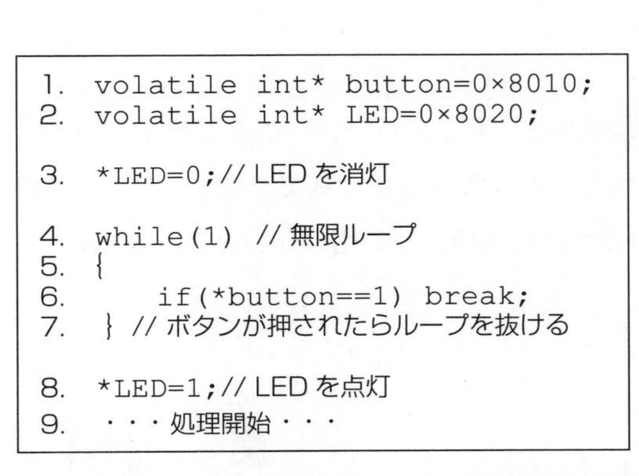

```
1.  volatile int* button=0×8010;
2.  volatile int* LED=0×8020;

3.  *LED=0;// LED を消灯

4.  while(1) // 無限ループ
5.  {
6.      if(*button==1) break;
7.  } // ボタンが押されたらループを抜ける

8.  *LED=1;// LED を点灯
9.  ・・・処理開始・・・
```

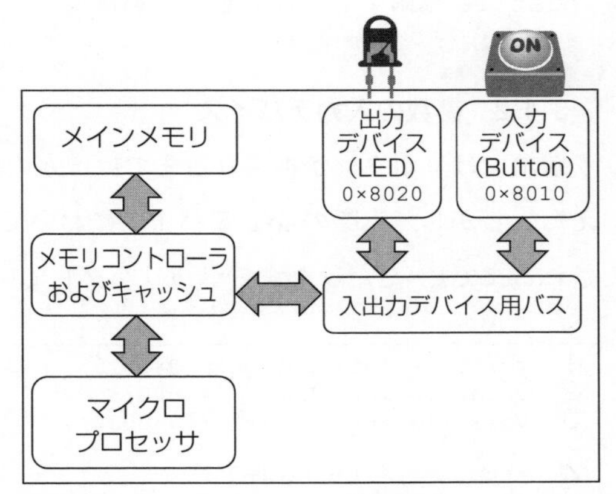

図 3.7 ボタンと LED を扱う C 言語プログラムおよびハードウェア構成例

このように，ループにより入出力デバイスの状態を読み出してチェックすることを，**ポーリング**（polling）と言う。ポーリングによる入出力については，のちほど 4.1 節で詳しく説明があるが，ここではコンピュータアーキテクチャ構成と関連付けて考え，理解を深めよう。

1 行目は，int 型へのポインタ変数 button の宣言時に 0×8010 というアドレスを代入する。このアドレスへの読み出しアクセスは，メモリコントローラにより入出力デバイス用バスを通じて，ボタンの状態に応じた値を読み出すことが可能であるとする。また 2 行目も同様に，int 型へのポインタ変数 LED の宣言時に 0×8020 というアドレスを代入する。このアドレスへの読み出しアクセスは，メモリコントローラにより入出力デバイス用バスを通じてボタンの状態に応じた値（OFF ならば 0，ON ならば 1）を読み出すことが可能であるとする。4 行目から 7 行目は，`while` 文による無限ループである。この中で，6 行目においては `button` 変数が 1 になったら `break` する（`while` ループを抜ける）という条件分岐が行われる。

注目すべきは，1 行目・2 行目の変数に `volatile` 修飾子が付けられていることである。これは，通常のメインメモリ上の変数とは違い，**揮発性**（volatile）であり自発的に値が変化する可能性がある，という意味を表す。すなわち，C 言語プログラムによって `button` 変数を書き換えなくても，外部から（ボタンを押すことによって）`button` 変数の値が変化しうる，ということをコンパイラに伝える意味がある。この `volatile` 修飾子がないと，コンパイラは `button` 変数の値は変化する可能性がないとして，式の評価が無駄であると判断し `button` 変数の値を読み出して比較する機械語コード（6 行目の `if (button==1)` に相当する機械語コード）を削除する最適化を行ってしまう可能性がある。そのため，入出力デバイスなどにメモリマップされた自発的に値が変化する可能性がある変数については，`volatile` 修飾子を付ける必要がある。

3.4.2　複数の入力デバイス

前項では，ボタンが押されるまではほかの処理がなにもできないプログラム例について考えた。しかし，実際の IoT デバイスにおいてはなにか入力が変化するまで（例：ボタンが押されるまで），ただひたすらポーリングしているわけにはいかない場合がほとんどである。

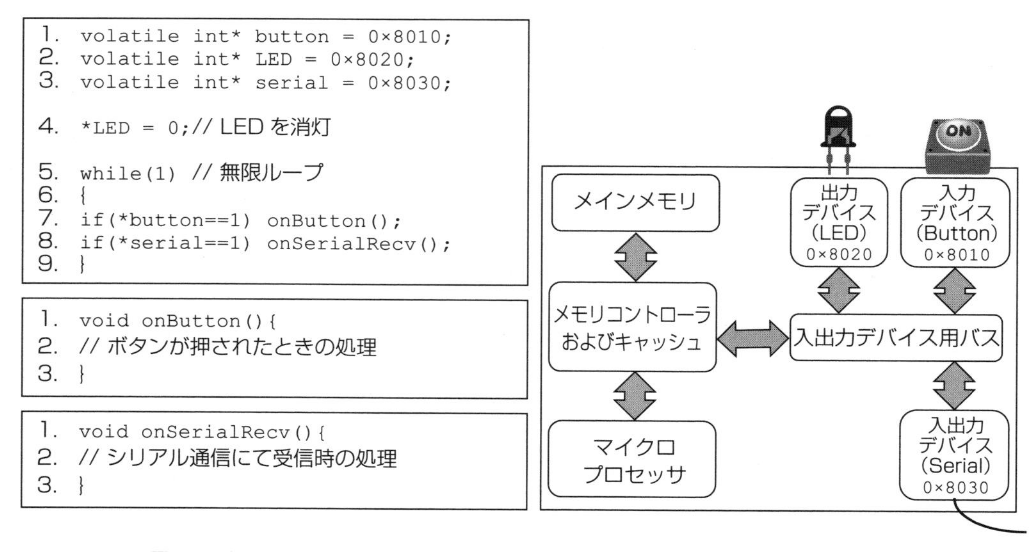

図 3.8　複数の入力デバイスを扱う C 言語プログラムおよびハードウェア構成例

例として，**図 3.8** のシステムを考えよう。このシステムは，ボタンが押されたときには onButton 関数に書かれた内容の処理を行い，一方シリアル通信デバイスがなにかデータを受信したときには onSerialRecv 関数に書かれた内容の処理を行うとしよう。すなわち複数の入力デバイスの状況に応じた処理を行うシステムである。

一例として，while ループの中で，順次ボタンとシリアル通信デバイスの状況をポーリングする C 言語のソースコードの例を図 3.8 に示している。ここでは，ボタンが押されていたら *button の値が 1 になり，シリアル通信デバイスがなにかデータを受信していたら *serial の値が 1 になることとする。すると，ボタンが押されていれば onButton 関数が呼ばれ，シリアル通信デバイスがなにかデータを受信したら onSerialRecv 関数が呼ばれるので，所望の動作が可能であると考えられる。

しかし，ここで onSerialRecv 関数の処理に長い時間が掛かってしまうとしたらどうだろうか？ 例えば，データを 100 byte 受信しないと処理がつぎに進まない，といったケースは容易に起こり得る。その間は onSerialRecv 関数の中に長い時間とどまることとなり，*button の値のポーリングは不可能となる。この問題の回避方法として思いつくのは，onSerialRecv 関数の中で，*button の値のチェックを行うことである。これは一見良さそうであるが，入力デバイスの数が増えると条件分岐の数は増大し，ソフトウェアの構造が大変複雑となってしまう問題がある。

3.4.3　割　込　み

割込み (interrupt) を用いることにより，前項で示したような複数の処理の流れに対する問題を解決することができる。**図 3.9** に割込みを含んだプログラムの実行の様子を示す。割込みは，通常のプログラムの実行の間に外部からの割込み信号が発生すると，即座に別のプログラム (割込みプログラムと呼ぶ) を実行し，終了後に元のプログラムの実行に復帰する機能である。これはマイクロプロセッサの機能として用意されている必要がある。

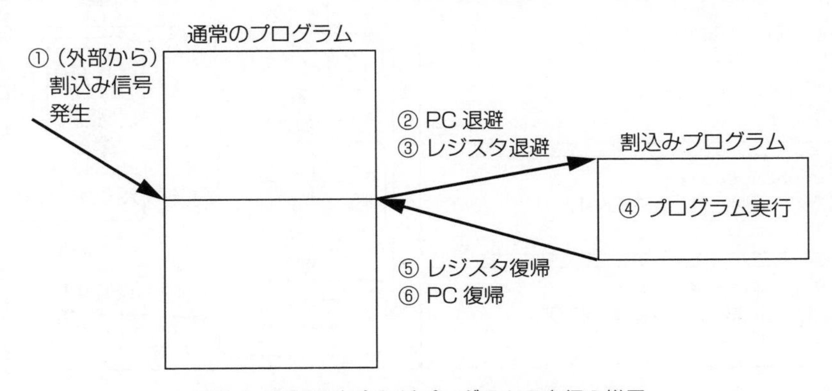

図 3.9　割込みを含んだプログラムの実行の様子

割込み信号は，マイクロプロセッサの外部から任意のタイミングで発生する可能性がある（図3.9①）。例えば，シリアル通信デバイスがデータを受信したとき，通常のプログラムのどこを実行しているかは，わからない。その一方，割込みプログラムの実行（④）は，割込み信号が発生してからなるべく早く行うことが望ましい。しかし，割込みプログラムの実行が，通常のプログラムの実行を一時中断して遅らせることは許されるとしても，実行内容を阻害してはならない。そのため，まずPC（プログラムカウンタ）を退避（②）することで，割り込みプログラムの実行後に元のPCに復帰（⑥）することを可能とする。また，レジスタ内容を退避（③）しておき，同様に復帰（⑤）する必要がある。

また，割込み信号発生時に実行する割込みプログラムは，事前に登録しておく必要がある。割込みプログラムの先頭アドレスをあらかじめマイクロプロセッサに登録する際，複数の割込みを扱えるようにしておくことが望ましいため，メモリ上に割込みプログラムの先頭アドレスを複数集めたテーブルとして書き込んでおく。このテーブルを**割込みベクタテーブル**（interrupt vector table）と呼ぶ。割込み発生時にはメインメモリ上にある割込みベクタテーブルを読み出す。その際，割込みベクタテーブルの先頭アドレスは，マイクロプロセッサ中の特殊レジスタとして用意しておくことが一般的である。

図3.10は割込みを扱うC言語プログラムおよびハードウェア構成を示す。プログラムは，5行目で`reg_interrupt_handler`という関数を呼び出し，引数として割込み信号番号1番と，`onSerialRecv`関数の先頭アドレスを渡している。ここでは，マイクロプロセッサの割込み信号#1にシリアル通信デバイスからの割込み信号が接続されているという

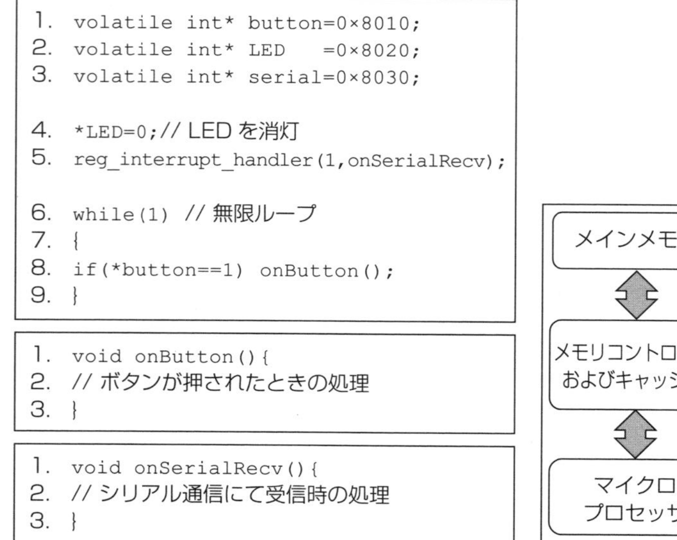

```
1. volatile int* button=0×8010;
2. volatile int* LED   =0×8020;
3. volatile int* serial=0×8030;

4. *LED=0;// LEDを消灯
5. reg_interrupt_handler(1,onSerialRecv);

6. while(1) // 無限ループ
7. {
8. if(*button==1) onButton();
9. }
```

```
1. void onButton(){
2. // ボタンが押されたときの処理
3. }
```

```
1. void onSerialRecv(){
2. // シリアル通信にて受信時の処理
3. }
```

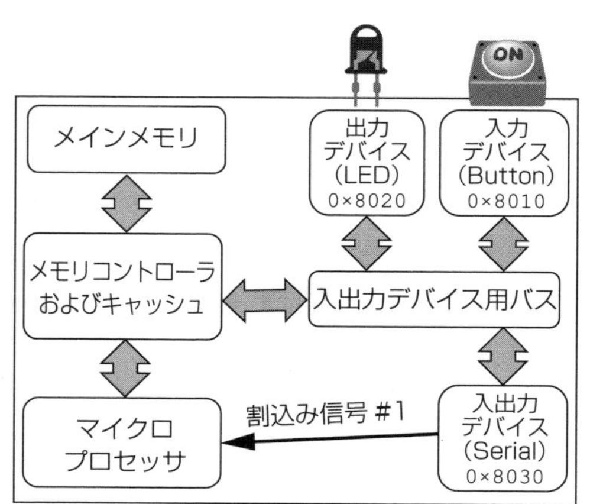

図3.10　割込みを扱うC言語プログラムおよびハードウェア構成例

ハードウェア構成となっていることを想定している。すなわち，複数あるマイクロプロセッサの割込み信号入力のうちの1番目の割込みがあった際の**割込みハンドラ**（interrupt handler）として `onSerialRecv` 関数を登録するという意味である。

`reg_interrupt_handler` は，先ほど説明した割込みベクタテーブルの設定をおもに行い，**割込み禁止・許可**（interrupt disable/enable）の設定を併せて行う。詳細は省略するが，複数種類の割込みを取り扱う際には，**割込み優先度**（interrupt priority）を設定する。割込み禁止・許可や**優先度**に関する機能を受け持つのが**割込みコントローラ**（interrupt controller）である。

つぎに `while` ループに入る。こちらが通常プログラムに相当する。通常プログラムでは，`*button` に関するポーリングを行い，ボタンが押されれば `onButton` 関数の処理を行う。一方，シリアル通信デバイスが外部からデータを受信した際には，割込み信号を発生し，マイクロプロセッサの割込み信号 #1 に通知する。すると，割込みハンドラである `onSerialRecv` 関数が呼ばれ，受信データに対する処理が行われる。なおこの際，受信データに対する処理はなるべく短時間で終了して，通常プログラムに処理を復帰することが望ましい。なるべく短時間で処理を終えるためには，受信データをメインメモリ上にコピー（転送）するだけにする，といった機能に限定して実装することが考えられる。さらには 3.4.4 項で説明する DMA コントローラに転送開始を指示するのみとする，というつくり方が一般的である。

3.4.4　DMA コントローラと通信デバイス

大量のデータの転送の際，マイクロプロセッサ命令のロード，ストアの繰返しによりメインメモリに対する読み書きアクセスを行うと，マイクロプロセッサの能力，時間がデータ転送に使われてしまい，本来の演算機能が使えなくなってしまう。特に IoT デバイスに使われる（有線）イーサネット通信デバイスや，無線通信デバイスは大容量のデータを扱うことが多いため，データ転送に掛かる時間やエネルギーを削減することが必要である。そのためデータ転送のための専用デバイスである **DMA コントローラ**（direct memory access controller）を用意することが多い。

図 3.11 は，DMA コントローラとイーサネット通信デバイスを含むハードウェア構成例である。図 3.10 との違いは，入出力デバイス用バスに DMA コントローラが接続されていることと，シリアル通信デバイスの代わりにイーサネット通信デバイス（ether）が用いられていることである。イーサネット通信デバイスは一般的に 1 パケット当たり 1 500 byte のデータを送受信する。また，イーサネット通信デバイスは内部に送受信のためのバッファを持っていることが一般的であり，複数パケットのデータを蓄積して数 MB 程度を一時的に

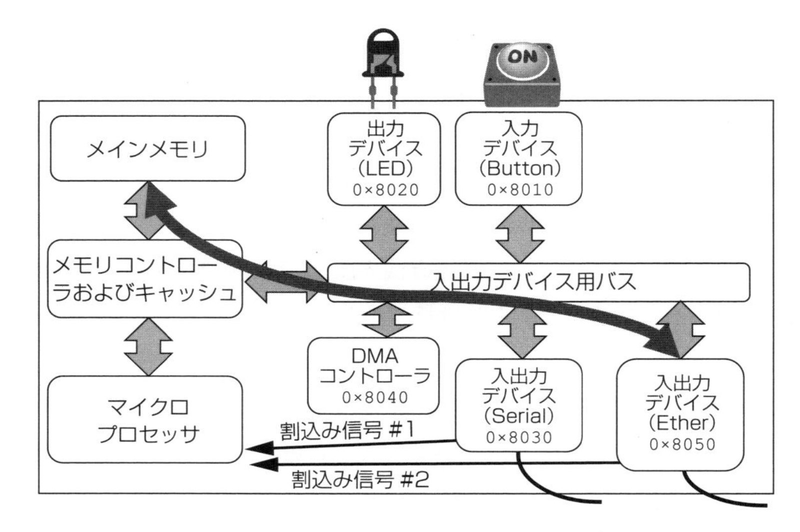

図 3.11　DMA コントローラ，イーサネット通信デバイスを含むハードウェア構成例

保存していることもある。しかし，イーサネット通信デバイスの内部バッファはメインメモリと比較して小さいため，メインメモリとの間でデータを転送することが必須である。メインメモリにデータを置くことで，マイクロプロセッサは送受信データに対して処理を行うことができる。

データ転送を行う際，マイクロプロセッサがロード，ストア命令ばかりを実行すると，本来の演算が行えない。そのため，DMA コントローラが入出力デバイス用バスを介してメモリコントローラに適切にコマンドを送ることで，イーサネット通信デバイスとメインメモリの間でのデータ転送を行うように構成すると，マイクロプロセッサの演算能力を発揮することが可能となる。

なお，このハードウェア構成はあくまで一例であり，DMA コントローラをメモリコントローラの内部に持つなどの工夫により，さらに転送効率を上げる構成も考えられる。

3.4.5　オペレーティングシステムとコンピュータアーキテクチャ

これまで説明した「むき出しのハードウェア」(すなわち，コンピュータアーキテクチャ)は，3.4.2〜3.4.4 項で説明した例を見てもわかるように，複雑であり意図通りに操作することが難しい。そのため，こうした「むき出しのハードウェア」に対するプログラムの作成は，コンピュータアーキテクチャの深い理解のうえで細心の注意を払って行う必要がある。また，プログラムに誤りがあった際のデバッグは非常に困難であり，すべてのプログラムを一からつくるのは効率が悪い，といった問題がある。

オペレーティングシステム (operating system：OS) は，こうした問題を解決するため，コンピュータシステム上のさまざまな資源（すなわち「むき出しのハードウェア」）を抽象化（abstraction）して扱いやすくするために開発されてきた†。OSもソフトウェアプログラムとしてつくられることが一般的である。ただし，3.4.6項に記載のハードウェアタイマやメモリ保護機能など，マイクロプロセッサ等のコンピュータアーキテクチャ，ハードウェアにもOSの動作を支援する仕掛けが必要である。ここでいう資源とは，マイクロプロセッサやメインメモリ，入出力デバイスなど，コンピュータシステムの構成要素ほぼすべてである。複雑で高機能なアプリケーションが求められるIoTの時代においては多くの場合，なんらかのOSを用いることが必須である。一方，OSがない環境のことを**OSレス**（OS-less）環境，もしくは**ベアメタル**（bare metal）環境と呼ぶ。

オペレーティングシステムは，**図3.12**に示すように，大まかには以下の二つの観点でコンピュータシステムを抽象化する。

（1） タスク（処理）の抽象化

（2） ハードウェア（デバイス）の抽象化

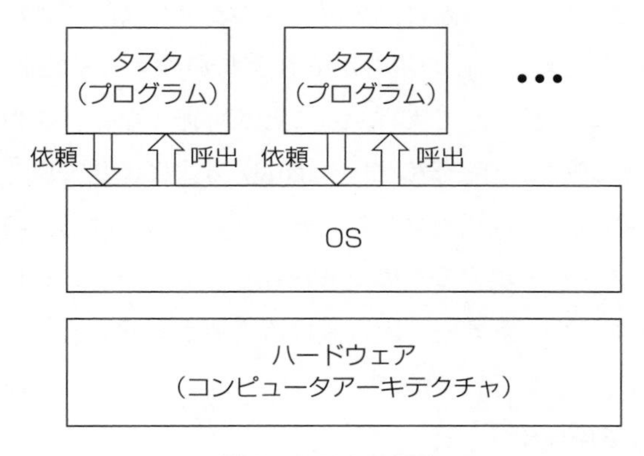

図3.12 OSの概念

3.4.6 タスクの抽象化

タスク（task）すなわち処理の抽象化の利点は，処理の**多重化**（multiplexing）を容易に行えるようになることである。例えば3.4.3項で説明した複数の入力デバイスからのデータ入力待ちのプログラムを同時に動かすためには，複雑な割込み設定と制御が必要であった。これに対してタスクを抽象化し，OSが，「タスクを登録，起動する」，「タスクを終了する」，という依頼を受け付け，必要に応じてプログラムを呼び出す役割を担うことで，複数の処理の流れを容易に実現することが可能となる。このようにOSのプログラムを呼ぶことを**システムコール**（system call）と呼ぶ。また，複数のタスクが同時に動作することを**マルチタス**

† OSは，PC用のWindows，Linux，iOS等が一般的に知られているが，IoTデバイス向けには，ITRON（TOPEERS，T-Kernel），VxWorks，QNXなど多くの種類がある。

ク（multi task）と呼ぶ。

複数のタスクを動かすためには，ある一つのタスクがマイクロプロセッサを使用し続けることは許されず，適切なタイミングで，OSに処理を返す必要がある。しかし，開発者が書いたプログラムが確実にOSに処理を返すように書くことは保証できない。そのため，OSがタスクから処理を取り上げるためには，**ハードウェアタイマ**（hardware timer）を用いた一定周期時間での割込みを用いることが一般的である。OSはタスクから処理を取り上げ，タスクの状態を保存しておき，別のタスクを実行することで，一つのプロセッサを用いてマルチタスクを実現することが可能である。マルチコアプロセッサシステムにおいても，コア数がタスク数を上回る場合は同様の機構が必要である。また，どのコアでタスクを実行するかはOSが管理する必要がある。

タスクのプログラムとOSのプログラムは，ともにメインメモリ上に存在するため，タスクが意図的に，もしくは意図せずにOSのプログラムを破壊してしまう可能性がある。これを防ぐために，**メモリ保護**（memory protection）の機構を設けることが一般的である。すなわち，メインメモリにアクセスする際に，アドレスの範囲によって読出し，書込みのアクセスを制限する機構である。また，各タスクがそれぞれ別のメモリ空間を仮想的に持つことで，それぞれのプログラムを独立して実行することが可能となる。このような機構を**仮想メモリ**（virtual memory）と呼び，**ページング**（paging）方式により実現されることが多い。メモリ保護や仮想メモリの機構は現代のコンピュータシステムには必須の機能であるが，そのおもな理由はマルチタスクを実現するためであると考えて良い。これらの機構はマイクロプロセッサ内もしくはメモリコントローラ内に設ける必要がある。

3.4.7 ハードウェアの抽象化

ハードウェア（hardware）の抽象化，多重化は，マルチタスクのシステムにおいては必須である。すなわち，複数のタスクが一つの入出力デバイスにアクセスする際に，同時にアクセスすると意図しない動作が起こってしまうためである。そのため，入出力デバイスへのアクセスは一つのタスクからに限定する**排他制御**（mutual exclusion）が必要である。そのために，通常は入出力デバイスに割り当てたアドレス領域は，一般のプログラムからは読み書き不可とし，OSのプログラムだけが読み書き可能であるように設定する。

また，さまざまな製造元から多くの種類の多種多様なハードウェア（入出力デバイス）が提供されるが，それぞれのシステムごとに対応するプログラムを開発して提供することは非常に困難である。そのため同じ種類のハードウェアに対して同じプログラムを再利用（re-use）できれば，プログラムの開発生産性（development productivity）は向上する。こうした考え方でハードウェア（入出力デバイス）を抽象化するプログラムのことを**デバイスドラ**

イバ (device driver) と言う。

なお，OS の機能を実現するために，マイクロプロセッサの命令により内部で割込み信号を発生することがある。これを**内部割込み** (internal interrupt) と呼ぶ。前述のシステムコールは内部割込みとして実装されることが多い。また，メモリ保護に違反するアクセスがあった場合[†]や，想定しない命令が実行された，もしくは命令のパラメータが異常 (0 で割り算した) などの場合にも割込み信号を発生することがある。このような意図しない動作のことを**例外** (exception) と言う。例外も，マイクロプロセッサ上においては割込み同様に扱われることが一般的である。

3.4.8 その他の抽象化

その他の抽象化として，いくつか例をあげる。ハードウェアのうち**外部記憶装置** (external memory device)，例えば **HDD** (Hard Disk Drive)，**SSD** (Solid State Drive)，**メモリカード**などは，**ファイルシステム** (file system) として抽象化されると同時に，メモリ階層の一つとして抽象化されることが多い。

また，イーサネット通信デバイスのようなネットワークデバイスは，物理層，データリンク層，ネットワーク層，トランスポート層といった **OSI 参照モデル** (Open Systems Interconnection reference model) にならって，**通信の抽象化**が層状に行われることが一般的である。各層の部品を入れ替えることを可能とし，再利用可能にしていることが多い。例えば，TCP/IP プロトコルのプログラムはそのまま使用するが，イーサネット通信デバイスを交換する，といったことが容易に可能となっている。

以上で説明したタスク，ハードウェア，その他の抽象化や多重化のためには，割込み，メモリ保護，排他制御といった機構が必要であることがわかった。こうした機構の設定・操作は，OS プログラムだけで行うようにすべきであり，一般のプログラムが設定・操作するべきではない。そのため，マイクロプロセッサの命令を**特権命令** (privileged instruction) と**非特権命令** (unprivileged instruction) に分類し，マイクロプロセッサが**特権モード** (privileged mode) のときのみ特権命令を実行できるようにする仕組みを持たせることが一般的である。OS はタスク処理をする際には，マイクロプロセッサの動作モードを**ユーザモード** (user mode) に切り替えてタスクを実行し，割込みで処理を取り上げる際に特権モードに戻す。

これまでの説明で，ソフトウェアやオペレーティングシステムの要求に応じてマイクロプ

† 例えば，C 言語における，いわゆる Null pointer アクセス：メインメモリ 0 番地に対する読み書き。0 番地はプログラムの間違いによるアクセスが起こりやすいので，メモリ保護領域として OS が設定しておき，例外とすることが一般的である。

ロセッサの機能が提供され，また，それによりソフトウェアやオペレーティングシステムが発展してきたことがわかる。

さらに，マイクロプロセッサの動作モードやコンピュータアーキテクチャの構造は，**セキュリティ**（security）にも重大な影響を及ぼすことに注意したい。例えば，スマートフォンにダウンロードしたアプリケーションプログラムが動作する際には，安易にカメラデバイスや生体情報デバイスにアクセス可能にするべきではないし，別のプログラムが持っている情報に対してアクセス不可にすべきである。これらの情報の保護は，突き詰めるとコンピュータアーキテクチャの構造に依存している。データをどこに記憶しておくのか，といったことをIoTデバイス技術者はよく理解し意識しておくべきである。

3.5 処理性能と電力

前節までに，IoTデバイスを開発する技術者が知っておくべき，コンピュータシステムの構成と動作について説明した。ここからは，IoTデバイスにおいてアプリケーションプログラムを実行する際の処理性能と電力について理解を深めよう。処理の内容が複雑になるにつれ，処理時間は増大するため，処理性能の向上を図る必要がある。その一方，マイクロプロセッサのクロック周波数の向上による処理性能の向上は消費電力の増大を招く問題がある。これらの問題に対して，どのように解決していくか，いくつかの考えるヒントを紹介する。

3.5.1 処理性能の視点と指標

コンピュータシステム（ソフトウェアを含む）の処理性能は，「ユーザ（使用者）の視点から見て対象の処理をどれだけの時間で行えるか」もしくは「対象の処理を単位時間にどれだけ行えるか」という指標で考えるのが最も自然である。例えば，画像処理であれば，1枚（フレーム）の画像を10 msで処理可能であるようなコンピュータシステムの性能は，1秒当たり100枚処理できるわけであるから，100フレーム毎秒（fps：frames per second）と表現する。ただしこれは，ユーザが使いたい特定のアプリケーションの要求に対する評価指標ということであるため，ほかのアプリケーションには当てはまらないことに注意すべきである。

一方，コンピュータシステムの構造や能力から処理性能を評価する視点と指標もある。すなわち，浮動小数点の演算を1秒間に10ギガ回行うことが出来るコンピュータシステムであれば，その処理性能は，10ギガフロップス（Giga FLoating-Point Operations Per Second：GFLOPS）と呼ぶ。これは，浮動小数点の演算器が10個あり，それぞれの演算器が1クロック当たり1演算可能であり，クロック周波数1 GHzで動作する場合は，10

GFLOPSのコンピュータシステムということが可能である。ただしこの数値（10 GFLOPS）は，このコンピュータシステム上でどのようなアプリケーションソフトウェアが動作するかには無関係な性能指標であることに注意する必要がある。

「演算能力が10 GLOPSであるからと言って本当に10 GFLOPSの演算処理が可能なのであろうか？」，「入力データをメインメモリから10個すべての浮動小数点演算器に，1クロックごとに供給できるのか？」，「出力データを適切にメインメモリに記録できるのか？」といった疑問がただちにあげられる。すなわち，演算器だけではなくメモリやその間のバスの通信性能を含めた，コンピュータアーキテクチャの視点が必要である。

さらに，アプリケーションプログラムの内容によっては，演算の回数に対して，メインメモリの読書きアクセスが相対的に多い場合があり，その場合は演算よりもデータ移動の能力によって性能が低下することがある。すなわち，ソフトウェアの視点が必要である。

以上で説明したように，ユーザ視点の性能と，コンピュータシステムの構造，能力の視点からの性能は，どちらも必要な指標であるが，かなりギャップがあることを意識しておく必要がある。

3.5.2 スループットとレイテンシ

ユーザ視点の性能について，もう少し考えてみよう。先ほどの例では，1枚（フレーム）の画像を10 msで処理可能であるようなコンピュータシステムの性能は，1秒当たり100枚処理できるわけであるから，100フレーム毎秒の処理性能と表現した。このような，単位時間当たりの処理性能のことを**スループット**（throughput），もしくは**スループット性能**（throughput performance）と呼ぶ。一方，1枚の画像を入力してから，その画像に対する処理が終わるまでの処理時間が10 msであることに着目した時，入力から処理終了までの経過時間である10 msを，**レイテンシ**（latency，**遅延**）と呼ぶ。

処理の流れが一つ，すなわち**逐次処理**（sequential processing）であれば，レイテンシとスループットは単純に逆数の関係になる。しかし，処理の流れが複数の場合，すなわち**並列処理**（parallel processing）を行う場合にはそうならないことに注意が必要である。IoTデバイスではマルチコアプロセッサが用いられることも多いため，ここでは並列処理の場合のスループットとレイテンシについて考えてみよう。

例として，**図3.13**に逐次処理と並列処理の様子を比較して示す。図（a）は逐次処理の場合に，一つの画像データ（フレーム）に対する処理が10 msで終わり，それを4回繰り返す場合を示している。この場合は，処理のレイテンシは10 msであり，スループット性能は100 fpsであると言える。一方，図（b）は四つのコアでの並列処理の様子を示している。一つ目のコアが一つ目のフレームの処理を行うのに掛かる時間は10 msであり，逐次処理と

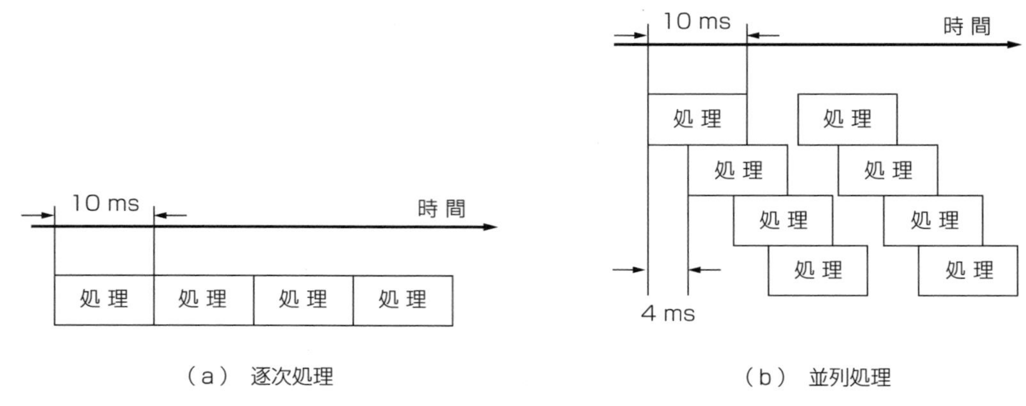

（a） 逐次処理　　（b） 並列処理

図 3.13　逐次処理と並列処理の様子

同様のレイテンシであるとする。一方，4 ms 経過後につぎのフレームの処理を開始できたとしよう。すると，四つのコアに順次各フレームの処理を任せるとすると，4 ms 当たり 1 フレームの処理を行えることがわかる。そのため，「このシステムはスループット性能が 4 ms である」，もしくはその逆数をとって，「250 fps のスループット性能である」，という表現することができる。この図の例では，なんらかの事情で処理が始まる間隔が 4 ms であるが，4 並列の処理を行うと最大で 2.5 ms 間隔での入力を受け付けることができる。このとき，「このシステムの最大スループット性能は 400 fps である」と表現することもできる。

ただし，単純に 4 コアのマルチコアプロセッサであれば，1 コアの 4 倍の性能を達成することが可能であるかというと往々にして上手くいかず，実際の性能は最大性能よりも低くなる。性能低下の原因は数多くあるが，並列処理の場合にまず注意すべきなのは，処理と処理の間の**データ依存関係**（data dependency）である。画像処理の例では，処理の際に一つ前のフレームの処理結果が必要である場合，処理を始めることができない。そのため，図 3.13 の右に示した並列処理を行うことはできない。またコンピュータアーキテクチャ上の性能低下要因も考える必要がある。例えば，図 3.1 に示したコンピュータアーキテクチャで，マイクロプロセッサの部分に 4 コアを配置したとすると，メモリコントローラ，キャッシュ，メインメモリは 4 コアが共有して使用することになる。データの通り道は一つであるから，四つの処理が並列に動作する際には，メモリアクセスが待ち状態になって，各コアの処理の遅延につながることに注意が必要である。

3.5.3　クロック周波数と消費電力のトレードオフ関係

つぎにコンピュータシステムの構造や能力から処理性能を評価する視点で，もう少し考えてみよう。まず，クロック周波数について考える。一般にディジタル回路は，組合せ回路と順序回路から構成され，クロック同期式回路設計が行われる。すなわち，0/1 を周期的に繰り返すクロック信号を用意して，0/1 への変化のタイミング（もしくはその逆）で，回路中のフリップフロップ（flip-flop，1 bit のメモリ，いくつかのトランジスタで構成されるモジュール）の信号を一斉に書き換えるように回路を設計する。つまり，回路全体がクロック信号に同期して動く。このとき，クロックに同期した回路全体の消費電力は以下のように近似できる。すなわち，回路全体の消費電力は，クロック周波数に比例して増加する。

$$P_d \propto N \cdot k \cdot C \cdot V^2 \cdot f_{clk}$$

P_d：クロックに同期した回路動作に関する消費電力

N：トランジスタの数

k：トランジスタの信号遷移確率

C：トランジスタの電気容量

V：電源電圧

f_{clk}：クロック周波数

コンピュータシステムの処理性能は，基本的にはクロック周波数を高くすることで向上することが可能である。特にマイクロプロセッサのクロック周波数を向上することで，プログラムの命令実行の速度が向上する。ただし，コンピュータアーキテクチャ全体を見ると，単にマイクロプロセッサのクロック周波数だけを高くすれば良いというわけではないことに注意すべきである。すなわち，通常メモリコントローラ，メインメモリのクロック周波数は，マイクロプロセッサのクロック周波数とは異なるものが使われる。そのため，マイクロプロセッサ以外の部分のクロック周波数にも注目して，必要な処理性能が得られるかどうかを検討すべきである。

回路の機能を豊富にするためにはトランジスタを多く搭載する必要がある。PC やサーバ向けのマイクロプロセッサには，大規模なキャッシュメモリが搭載されており，性能向上を追求している。もちろんキャッシュメモリは多くのトランジスタ（SRAM：Static RAM（Random Access Memory））が使われるため，電力消費は多くなる。一方，IoT デバイス向けのマイクロプロセッサのキャッシュメモリは比較的小規模であることが多い。

トランジスタの信号遷移確率，というのはコンピュータシステムにおいてはおもにメモリの値の書換え確率と考えることができる。データの移動を行うとフリップフロップやメモリの書換えが生じ，電力が消費される。そのため，アルゴリズムの工夫でデータの移動やコピーが少ないプログラムを書くことは，処理性能の向上とともに，IoT デバイスの低消費電力化につながる。

IoT デバイスは，低消費電力であることが求められる。その一方，高い処理性能が必要な際には，一般的に高いクロック周波数のコンピュータシステムを用いる必要がある。すなわち，クロック周波数と消費電力には**トレードオフ**（trade-off）の関係がある。そのため，高い処理性能が必要な際に，単純にクロック周波数の高いマイクロプロセッサを用いるという選択が不可能な場合がある。その際には，ソフトウェア＋マイクロプロセッサの組合せだけではなく，各種の**アクセラレータ**（accelerator）の使用も検討すべきである。

GPU（Graphics Processing Unit）や**FPGA**（Field Programmable Gate Array）といったアクセラレータは，ソフトウェアでは処理性能が不足する場合に，処理を加速するハードウェアとしてコンピュータシステム内で用いることが可能である。GPU は元来，グラフィックスの表示の処理を加速するハードウェアであり，3D オブジェクトごとの大規模な並列処理（数百～数千並列）が可能な**シェーダ**（shader）と呼ばれるハードウェアが用意されている。近年はニューラルネットワークの学習などの処理を加速する目的で多く使われ，画像認識処理などの加速にも用いられる。

FPGA は，任意のディジタル回路をユーザがプログラムして実現することが可能なハードウェアである。数百万個以上の**基本論理素子**（logic element）とその間をつなぐ**プログラム可能配線**（programmable interconnect）が用意されており，アプリケーションに特化した任意のディジタル回路をつくることができる。例えばデータの移動を最小化するメモリ階層なども自由に設計することができる。そのため，高いエネルギー効率で動作可能なコンピュータアーキテクチャを設計し実際に動かすことができる。

コラム：メモリ容量が少ない？

32 GB と書かれている USB メモリや SD カードを買ってきて，PC につないで使ってみたら PC 上での表示は 29.8 GB…どうして減ってるの⁉ と思うかもしれません。これは，1 GB を 2 の 30 乗バイト（1 024×1 024×1 024）と数えるか，10 の 9 乗バイト（1 000×1 000×1 000）と数えるかの違いによるものです。

コンピュータの世界で用いられる K（キロ）という接頭単位は，もともとは 10 の 3 乗＝1 000 が，2 の 10 乗＝1 024 と，わずか 2.4 %の違いであることから，おおよそのオーダ感覚を示すために便利に使われてきました。しかし M（メガ），G（ギガ）といった大きい単位になってくると，違いが大きくなってきます。計算してみるとわかりますが，その違いは，M（メガ）で約 4.9 %，G（ギガ）で約 7.4 %もあります。

この違いが無視できなくなったため，バイト数を表すための正確な単位が定義されました。国際電気標準会議（IEC）による定義では，1 024 byte は 1 KiB（キビバイト）となります。1 024 KiB＝1 MiB（メビバイト），1 024 MiB＝1 GiB（ギビバイト）です。これで，混乱がなくなり一安心です。しかし，本書執筆時（2019 年）では一般に使っている人を見たことはありません。

章末問題

【3.1】 コンピュータアーキテクチャとはなにか説明せよ。

【3.2】 メモリマップド入出力とはなにか。入出力デバイスをメモリアドレス上に割り当てるとどのような良いことがあるか説明せよ。

【3.3】 加速度センサからデータを読み出し，ネットワークにパケットとして送出するまでに，どのような順序で以下の各ステップを実行すべきだろうか？ 並べ替えてみよ。

（a） メインメモリへの書込み
（b） 加速度センサからのデータ読出し
（c） イーサネット通信デバイスへのパケット送出指示
（d） DMA コントローラへの転送開始指示

【3.4】 【3.3】の処理を 1 ms 周期で実行するシステムのコンピュータアーキテクチャ（ハードウェア構成図）を描き，その動作を説明せよ。

【3.5】 身近な PC には，どのようなマイクロプロセッサが使用されているかを調べてみよ（プロセッサの製造元，名称，動作周波数，キャッシュのサイズ，処理性能，定格消費電力）。また，IoT デバイスには，どのようなマイクロプロセッサが使用されているかを調べてみよ。それらを比較してどのようなことが言えるだろうか？

【3.6】 身近な PC および IoT デバイスには，どのようなメモリが使用されているか調べて比較してみよ。

4. リアルタイム

本章では，「モノ」をどのようにつくるのかについて，ソフトウェアの性質の側面から考える。実際にはさまざまな性質を考慮し，ソフトウェアのつくり方の方法論に従う必要があるが，本章ではロボット等の動く「モノ」の代表的な性質であるリアルタイム性について着目する。読者の皆さんは，分岐や繰返しなどの基礎的な文法を中心としたプログラミングを学んでいると思う。述べるまでもないが，基礎的な文法のみでは IoT の「モノ」をつくるのは難しい。そこで，つぎに学ぶべきこととして，物理的に動くモノの代表的な性質であるリアルタイム性を選んだ。なお，前述したさまざまな性質や，つくり方の方法論については第 2 部で述べる。

キーワード：リアルタイム性，リアクティブ性，デッドライン，並行性，ポーリング，割込み，マルチタスク

4.1 リアルタイムの問題

ここでは，二つの問題について考える。一つ目は，一つのコンピュータはどのように複数の仕事を同時に処理するかという問題である。この問題は**並行性**（concurrency）に関する問題と呼ばれている。二つ目は，複数の仕事が，決められた時間内に想定通りに処理されるかどうかという問題であり，**リアルタイム性**（real-time）に関する問題と呼ばれている。

並行性の問題を考えるために，スマートフォンで音楽を聴きながら SNS を記し，その間に電話を受ける例を考えて見よう。この例では，スマートフォンは同時に音楽再生，SNS，電話の三つの仕事を行っている（正確には，三つの仕事を行っているように見える）。IoT 時代のシステムは，より多数の仕事を同時に行うことになる。例えば，自動走行車は，渋滞，天気情報，位置情報を入手し，路面の状態，道路標識，周囲の自動車や人，動物などさまざまなことを判断し走行することになる。これらはすべて同時に行うべき仕事である。

ところが，一つのコンピュータは基本的に一つの頭脳を持ち，一つの仕事しかできない。もちろん，人間が複数人で協力して仕事をするように，複数台のコンピュータで仕事をすることもあるし，新しいコンピュータには，複数の頭脳を持つマルチコアと呼ばれるコンピュータもある。しかし，同時に行う仕事の数に対し，コンピュータの頭脳の数は少ない。したがって，一つの頭脳を持つ一つのコンピュータが，複数の仕事を扱う並行性の問題は，

重要な問題である。

二つ目のリアルタイム性の問題を考えるために，スマートフォンでメールを記している際に，聞いている音楽が途切れてしまう，スクリーンをタッチしても1秒ぐらい反応がないといった状況を思い浮かべてみよう。人間が1人で複数の仕事を行うと，一つの仕事よりも時間を要するのと同様に，一つの頭脳のコンピュータが複数の仕事を処理すれば時間を要する。処理が間に合わなければ，音楽が途切れてしまったり，反応が遅くなったりする。

この時間を要する問題は，リアルタイム性と呼ばれている性質と関連する。自動車やロボット等の機器を動かす場合，この問題はより深刻になる。自動車でブレーキを踏んでも，思ったように止まらないといった事故につながる問題を起こすかもしれない。

4.2 並行性とその実現

本節では，最初の問題点である「複数の仕事をどのように同時に処理するか」という並行性について，より深く考えてみよう。まず，並行性とは「コンピュータは実際には，一つの仕事をしているが，複数の仕事を処理しているように見える性質」のことである。実現方法は，基本的には，「コンピュータの処理速度は十分に早い」という原則に基づいている。

例えば，人間が知覚できる時間はコンピュータよりもきわめて遅い。アニメーションや映画などの動画は，静止画を素早く切り替えることで連続して動いているように見せている。1秒間に動画で見せる静止画の枚数はフレームレート（FPS：Frames Per Second）と呼ばれ，24 FPS，30 FPS，60 FPS などが使われている。これは，1秒間に24枚程度切り替われば，動いているように見えるということである。したがって，人間の感覚はミリ秒単位であるのに対し，コンピュータはナノ秒単位である。自動車などの機器が動く場合についても，コンピュータの処理速度は十分に速い。

並行性を理解するために，**図4.1**に示すロボットについて考えてみよう。図4.1のロボットは，「① ラインをトレース」しながら，「② 障害物を検知」し，「③ 移動距離を計測」している。そして，「④ スマートフォンと通信」し，スマートフォンに「⑤ 障害物を表示」する。① のライントレースは，カラーセンサ，② の障害物検知は距離センサ，移動距離はエンコーダと呼ばれるセンサから情報を得て計算される。さらに，④ のスマートフォンとの通信を行う。ロボット内のコンピュータは，①～④ の四つの仕事を同時に行っている。すなわち，①～④ が並行である。

以下，どのように複数に見えるように処理しているのか，代表的な三つの実現方法について紹介する。最後に，並行性と関連した問題について述べる。

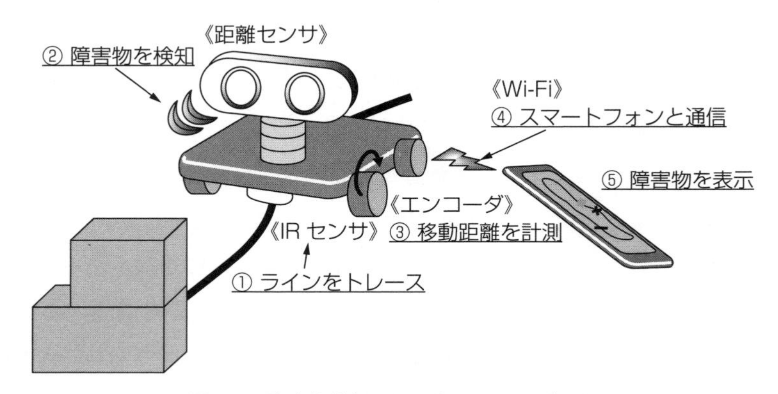

図 4.1　障害物検知ライントレースロボット

4.2.1 ポーリング

ポーリング（polling）とは，状況を判断するために，順番にセンサや通信装置等に「問合せ」を行う方法である。この方法は，前節で紹介した「コンピュータの処理速度は十分に早い」に基づいている。**図 4.2** にロボットの基礎的な動作の一つであるライントレースのプログラム例を示し，その動作について**図 4.3** に示す。図 4.2 では，4 行目の命令で，センサに「問合せ」を行っている。これがポーリングである。

センサに「問合せ」を行ったあと，モータの動きを設定しているが，センサとモータが同時に動いているように見える。センサが増えた場合，この問合せの行が増え，動作が複雑になれば，6 行目以降の動作部分が複雑になる。「複数の仕事を同時に行っているように見える」ということについて，図 4.1 のロボットにおいて，なにが問題となるのであろうか？再度，考えてみよう。ライントレースを続けなければロボットは止まってしまう。一方で，障害物も探さなければ衝突してしまう。この二つの仕事に着目した場合，ライントレースはつねに黒（ライン内）と白（ライン外）を見ながら外れないようにしなければならない。

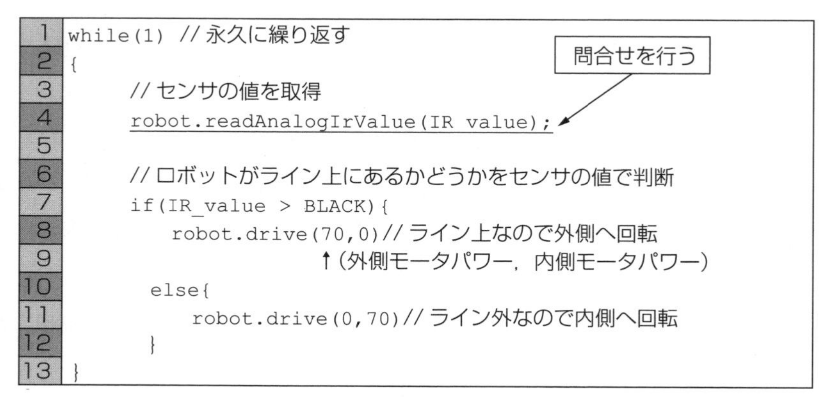
```
1  while(1) // 永久に繰り返す
2  {
3        // センサの値を取得
4        robot.readAnalogIrValue(IR_value);
5
6        // ロボットがライン上にあるかどうかをセンサの値で判断
7        if(IR_value > BLACK){
8            robot.drive(70,0)// ライン上なので外側へ回転
9                       ↑(外側モータパワー, 内側モータパワー)
10         else{
11             robot.drive(0,70)// ライン外なので内側へ回転
12         }
13 }
```


図 4.2　ライントレースのプログラム

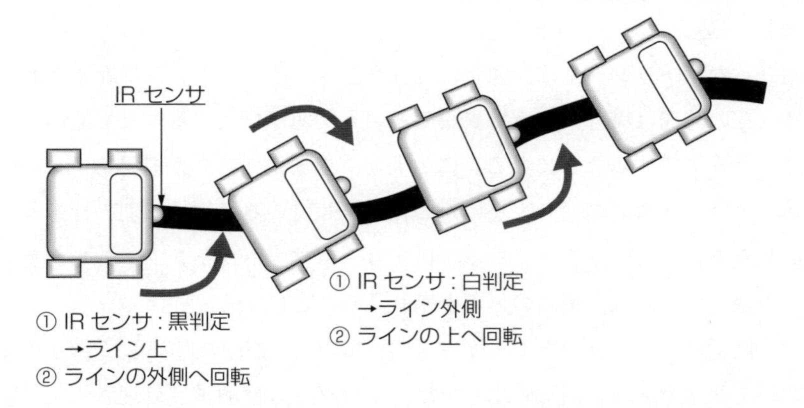

ライントレースの方法：ロボットの IR センサ（InfraRed sensor：赤外線）がライン上にあるとき，ラインセンサは黒色を感知し，ラインの外側へロボットを回転させる。ロボットはラインから外れるため，センサは白を感知することになる。白を感知したら，ロボットをライン側へと回転させる。この動作を続けることで，ラインに沿ってロボットは走行する。

図 4.3　ライントレースの動き

つぎに，二つの問題を考えてみよう。

（1）「コンピュータの処理速度は十分に速い」で解決できるだろうか？

（2）各センサは順番が回ってくるまでになにが起きるか？

まず一つ目の問題である。ロボットはさまざまなセンサやモータなどから構成されている。コンピュータの処理速度だけではなく，センサへの問い合わせに対して戻ってくる回答の時間も問題となる。ライントレースの問題で，センサの処理速度が遅い場合，モータは前の処理のままである。黒と判定する前は，白の処理をしているので，黒に入っているにもかかわらず白の処理をし続けることになる。

つぎに二つ目の問題について考えてみよう。センサやモータの数が増えたらどうなるであろうか？ センサが増えれば図 4.2 の 4 行目がその数だけ増加する。モータなどのアクチュエータが増えれば，6〜12 行目が増えることになる。さらに，本来のシステムでは，ノイズの除去や，センサから正常の値が取れなかった場合などさまざまな処理が増えていく。したがって，1 行目の `while` の先頭へ戻るのに長い時間が掛かってしまう。その結果，たまにしかセンサは値を取らない，モータも指示されなくなってしまう。

さらに，途中に複数の `if` 文などがあれば，処理時間は `if` 文を通過するかどうかで変化し，処理時間を予測することは難しくなる。複数のセンサ，アクチュエータの処理が混在すれば，その処理はおのずと複雑化する。これらの状況では，各センサは順番が回ってくるまで，待ち続けることになる。さらに，その待ち時間は場合によって変わるという問題が起きる。

4.2.2 割　込　み

前項で紹介したポーリングでは，順番に処理を行うため，各センサは順番が回ってくるまで待ち続け，その時間は場合によって異なるという問題が発生することを述べた。これが同時に見えることを阻害することになる。この問題点を解決するのが**割込み** (interruption) である。割込みとは，その名の通り，なにかの仕事をしている最中に，別の仕事が割り込んできたら，そちらを行うということである。例えば，スマートフォンでメールを記している際に，電話がかかってくれば，電話の処理が割り込むことになる。

図 4.4 で，関数呼出しと割込みについて記す。図（a）が関数呼出しであり，授業で学習するプログラミングである。関数呼出しでは，プログラムは順番に処理され，複雑な処理は関数を呼び出すことによって行う。ここでのポイントは，「関数呼出しと関数の組合せ」になっているという点である。

一方，割込みは「関数呼出し」ではなく，関数と類似したプログラムである**割込みハンドラ** (interrupt handler，単にハンドラ) を用いる。センサなどから情報を得ると，メイン処理を中断してハンドラを処理する。その仕組みを図（b）に示す。センサとハンドラは特別なレジスタまたはメモリと関連付けられている。そのレジスタに値が入ると，コンピュータは現在の処理を中断し，レジスタに登録されているハンドラを動作させる。

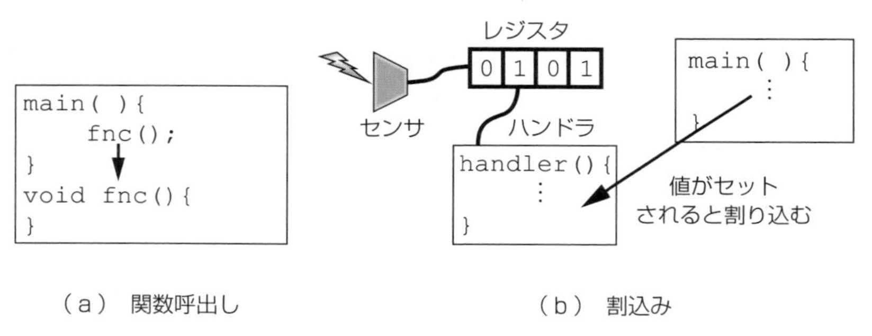

図 4.4　関数呼出しと割込み

割込みがあれば，同時に動くという並行性の問題は解決できそうである。ところが，割込みにも問題がある。ポーリングでは，順番にセンサが処理されていたため，センサが呼ばれる順番は変わらない。一方，割込みの場合は，順番は割り込まれた順番になってしまう。したがって，あらかじめ動作が予測できない問題が発生する。割込みが続いた場合，元の処理がずっと待たされることになる。

さらに，複数の割込みが発生した状態と同様の状態をつくることは困難であるため，割込み処理が増えると，テストが困難になり品質低下を招く。

4.2.3 マルチタスク

コンピュータが行う一連の仕事（処理）をタスクまたはプロセスと呼ぶ。一つのタスクしかない場合を**シングルタスク**（**シングルプロセス**）と呼ぶ。複数のタスク（プロセス）が並行，同じ時刻に複数動いて見える，すなわち並行に動作するプログラミングを**マルチタスク**（**マルチプロセス**）と呼ぶ。一般のプログラミング言語の教科書に記されている多くのプログラムは，main() 関数が一つだけのシングルタスクである。**図 4.5** に，基礎的なプログラムであるシングルタスクとマルチタスクのイメージを記す。

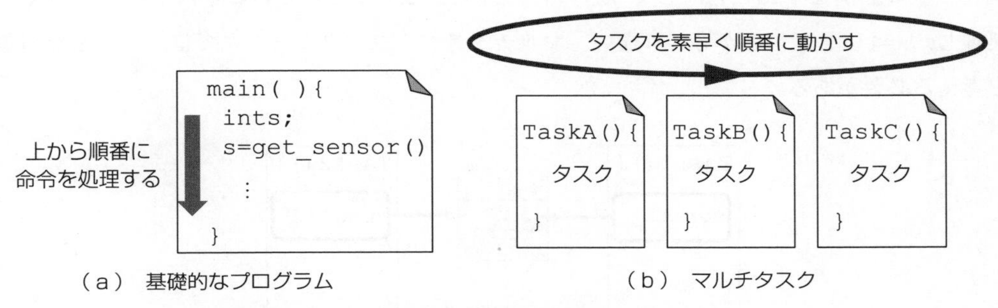

図 4.5 シングルタスク（基礎的なプログラム）とマルチタスク

マルチタスクのプログラミングでは，**図 4.6** に示す通り，並行に動作するものをおのおののタスクに記すことが可能であるため，ポーリングや割込みの問題を軽減することができる。図 4.6 の例では，シングルタスクでポーリングを行う場合，ライントレース，移動距離の計測，障害物の検知を順番に処理することになる。一方，マルチタスクではおのおのをタスクに分けることが可能である。

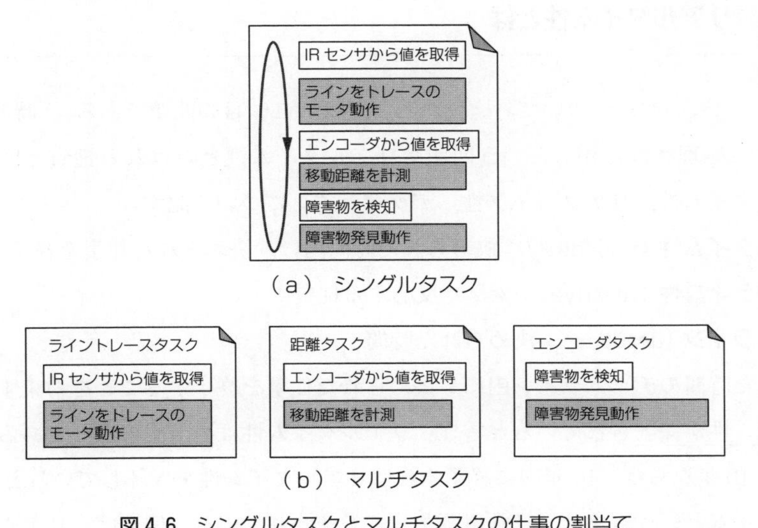

図 4.6 シングルタスクとマルチタスクの仕事の割当て

さらに，均等な間隔で処理可能なようにタスクは周期的に繰り返し動作させることができ，**優先度**（プライオリティ）を付けることも一般には可能である。

4.2.4 並行性の問題

並行性のあるシステムを実現するためには，前述したマルチタスクをプログラムするだけでは十分ではない。同期と共有資源と呼ばれる問題について考える必要がある。**図 4.7** は，Task1 と Task2 がグローバル変数 x を共有資源として共有している例である。Task1 は，現在変数の値が x=2 だと判断してつぎの行の処理をしようとしている際に，Task2 が x を処理し，x=4 にしているかもしれない。マルチタスクのプログラミングでは，こうした問題を考える必要がある。

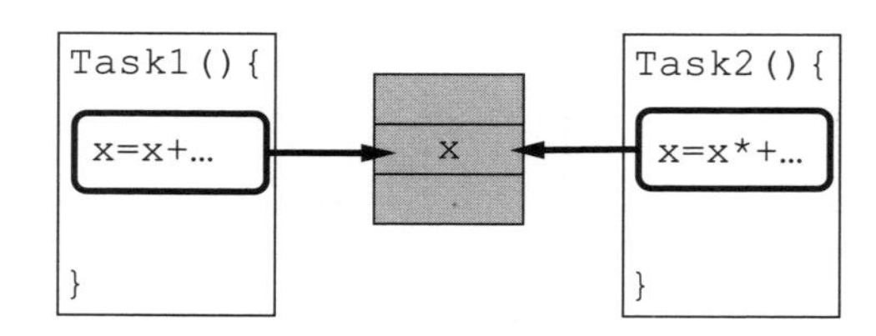

図 4.7　共有資源

ポーリングの実装は簡単で，プログラムの動作の予測が可能である。割込みとマルチタスクはそれが難しい。また，緊急時の処理などは，滅多に発生しないため，タスクとして置いておくのは，リソースの無駄である。したがって，実際には，すべてをマルチタスクで設計するというのではなく，そのときの事情により適切な方法を用いて実装する。

4.3 リアルタイム性とは

4.2 節では二つの問題について考えた。ここでは，二つ目の問題である，「時間の側面で，想定どおりに処理されるか」という問題はリアルタイム性と呼ばれる性質と関連する。以下，リアルタイム性，リアクティブ性，デッドラインについて記す。

・**リアルタイム性**（real-time）：決められた時間内に，決められた仕事を終了する性質

・**リアクティブ性**（reactive）：素早く反応する性質

・**デッドライン**（deadline）：決められた時間

決められた時間のデッドライン内に，決められた仕事を終了することを約束することを，リアルタイム性が保証されていると言う。リアルタイム性は，上記の通りであるため，デッドラインが 10 年ならば，10 年内に終了すればリアルタイム性を保証していると言える。

リアルタイムという言葉は，日常用語としても使われている。例えば，リアルタイムなア

クションゲームなどという場合，攻撃したら反応良く，実物の戦いのように絵が動くことをイメージするだろう。その場合，リアルタイムは本物と近い間隔や速いという意味で使われていると思われる。日常用語としてのリアルタイムは，リアルタイム性よりも，素早く反応する性質であるリアクティブ性に近いかもしれない。

4.3.1 リアルタイム性を実現するために

前節では，並行性の実現方法として，マルチタスクについて述べた。マルチタスクにすることにより，処理を整理してプログラミングすることはできるが，マルチタスクにするのみでは，リアルタイム性を保証することはできない。リアルタイム性を保証するためには，さまざまなアルゴリズムが提案されており，それに従って実装する必要がある。

最も基礎的なアルゴリズムとして，**レイトモノトニック** (rate monotonic)[1)] について概説する。レイトモノトニックは以下の原則に従い，タスクのプライオリティと周期を決めることで，リアルタイム性を保証，すなわちデッドラインを守るようにするアルゴリズムである。

・周期が短いタスクの優先度が高い。

・利用率を 70%未満にする。

利用率について**図 4.8** を用いて説明する。タスクの周期を T，実行時間を C とした際，タスク 1 の利用率は C_1/T_1 である。実行時間とは，タスクのプログラムが動く時間のことである。タスクが i 個あれば，C_1/T_1 から C_i/T_i までの総和が全体の利用率になる。

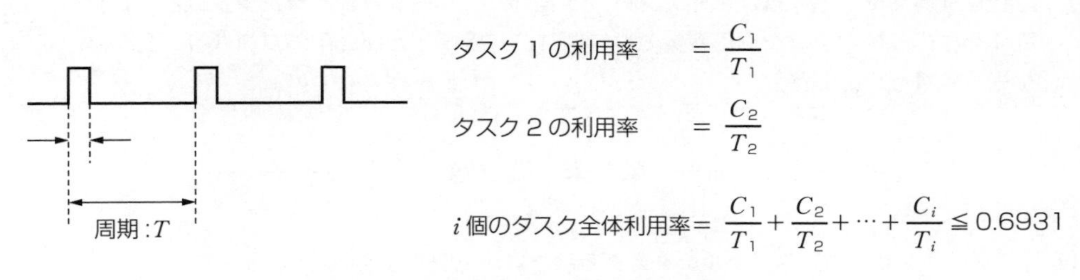

図 4.8 レイトモノトニックの利用率

4.3.2 IoT におけるリアルタイム性と関連した課題

IoT では，すでに述べてきた通り，沢山のモノ（機器）がネットワークを介してつながり，さまざまなサービスを提供する。一つのモノから見ると，さまざまな情報が届くことになる。その情報を元にモノを動かそうとすると，素早く動けないかもしれないし，誤った動きをするかもしれない。

例えば，荷物配送ドローンは，目的地に向けて荷物を運ぶことになるが，その際，ルートを決定するだけでも，現在位置を得るために，ジャイロやGPS，Wi-Fiから情報を得るだろうし，天候状況を把握するために，センサで気温，気圧，湿度，インターネットを通じた天気情報を得るなど，多数の情報を得ることになる。さらに，近くを航行しているドローンからなにか情報を得るかもしれない。

図4.3のライントレースを振り返ると，黒か白かを判定し，即座にモータスピードを設定していた。黒白の判定からモータスピードの設定までに時間を要したら，コースから外れるかもしれないし，蛇行して走ることになる。荷物配送ドローンでは，ライントレースのように，モータの動きを現在からつぎに変更する間に，沢山の判断をすることになる。

コラム：新しいプログラミング言語パラダイム

C，C++，C#，Javaは，多くの読者にとって馴染みのある言語であろう。じつは，本章で記してきたポーリングや割込みなどの仕組みは，これらの言語の一般的な機能を使ってプログラミングする場合に必要な考え方である。製品化されている企業でつくられているプログラムも，本章で述べた仕組みを使っているのが一般的である。

プログラミング言語は進化しており，割込みを使って，センサから取得したデータを書き換えるようなことをしなくても良い言語もある。要は，直接，数式を記すだけで良いという考え方である。センサ値を使って積分する場合，`for`文や`while`文でループをつくり，センサの値をとってからそれを毎回足していく。この`for`文，`while`文とセンサの値取得部分が要らない言語パラダイムがある。

このような考え方，すなわちパラダイムを持つプログラミング言語をリアクティブプログラミングと呼ぶ。この「リアクティブ」は本章で説明したリアクティブとは意味が異なるので注意が必要である。C，C++，C#，Javaでも，近年の拡張版は，このような機能を有している。ほかにもアスペクト指向，アサーション，ラムダ式など，大学学部1年生のプログラミングの授業では学ばないパラダイムが商用のプログラミング言語に取り入れられている。

章末問題

【4.1】 ポーリング，割込み，マルチタスクとはなにか説明しなさい。

【4.2】 リアルタイム性，リアクティブ性，デッドラインとはなにか説明しなさい。

【4.3】 マルチタスクは，ポーリングと割込みの問題を軽減できると本文に記されているが，マルチタスクによって解決できるポーリングと割込みの問題について説明しなさい。

【4.4】 図4.6に示したシングルタスク，マルチタスクは，図4.1のロボットの一部の機能のみを表している。図4.1の機能を，図4.6の記述方式で記しなさい。

【4.5】 IoTと思われるシステムの「モノ」の部分のサービスについて，図4.1のように例示し説明しなさい。そして，「モノ」の動作を図4.6の記述方式で記しなさい。

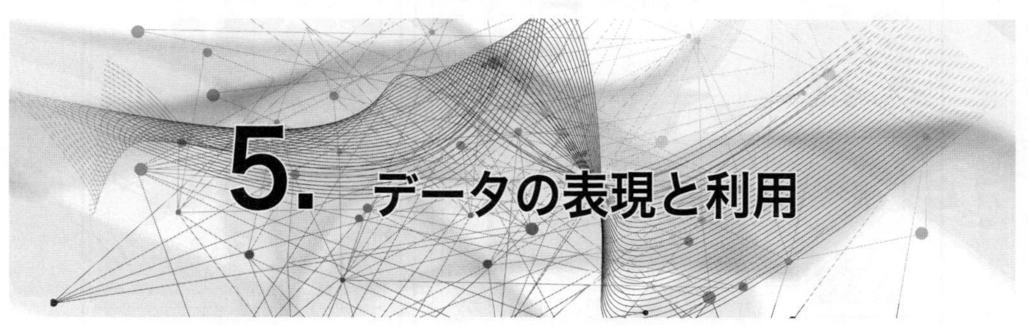

5. データの表現と利用

あらゆるモノがインターネットに接続されると，現実世界の設備やロボット，機器，人などのさまざまな事象に関するデータが収集できるようになる。そこで，収集したデータを現実世界の予測や最適化に活用したいというニーズが高まっている。本章では，センサデータをテーブル形式に表現する方法と，テーブルで表現したデータを統計手法に基づき近似的に表現する方法について学ぶ。

キーワード：ディジタルツイン，データの構造化，データの視覚化，最小二乗法，回帰分析

5.1 データからみたIoTシステム

IoTの普及に伴って，あらゆるモノがインターネットに接続されると，モノに付与されたセンサからのデータを収集することにより，現実世界の設備やロボット，機器，人などの動作，状態，環境などに関するさまざまなデータをコンピュータ上に蓄積・活用できるようになる。そこで，蓄積したデータを活用して現実世界のモノの写し絵をコンピュータ上に再現することにより，現実世界を予測・最適化できるようになると期待されている。この考え方は，ディジタルの双子という意味でディジタルツインとも呼ばれる。

この期待を実現するIoTシステムは，現実世界からデータを収集し（監視：monitor），収集したデータを解析することにより現実世界の未来を予測し（解析：analyze），その予測に基づく計画を立案し（計画：plan），その計画を実行する（execute）するという処理ループを反復するシステムになる（**図5.1**）。

例えば，交通の渋滞予測であれば，車や道路に設置されたセンサから車の位置と移動方向を収集して（監視），データベースに蓄積された過去のデータの傾向を参考にしながら未来の車の流れを予測して（解析），渋滞を回避するためのルートを探索・評価して（計画），計画した経路をドライバーに推薦する（実行）という監視・解析・計画・実行の処理ループを反復するシステムだと言える。この処理のループでは，収集されるデータが大量になればな

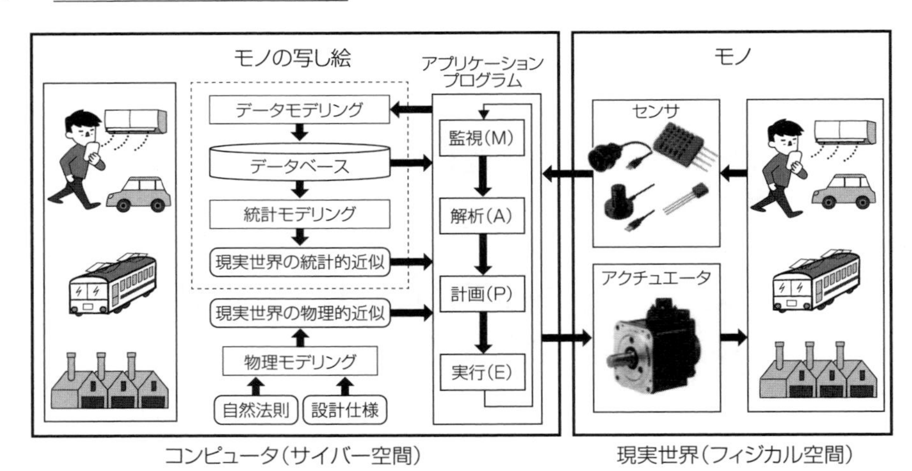

図5.1　IoT システムにおけるデータ処理の位置付け

るほど，データ処理の役割がより大きくなってくる。

IoT システムを実現するには，モノの写し絵をいかに構築するかが重要になる。ここで，写し絵とは，システムが扱う問題が解決できる程度に現実世界を近似的に表現したコンピュータ上の構成物（データ構造や数式など）のことである。モノの写し絵を構築するための手法としては，**データモデリング**，**統計モデリング**，そして，**物理モデリング**が代表的である。

データモデリングとは，収集したデータを蓄積・アクセス・管理するためのデータ構造†を設計する方法である。統計モデリングとは，収集したデータの特性やデータ間の関係を統計手法に基づいて数式で表現する方法である。物理モデリングとは，対象とする現実世界の位置，力，電流，熱などの物理量間の関係を自然法則に基づいて微分方程式などの数式で表現する方法である。

本章では，IoT システムの入門として，センサデータに対するデータモデリングと統計モデリングについて，概略イメージを把握するための簡単な例を紹介する。既存の統計処理の理論やプログラムは，行と列のあるテーブル形式のデータを扱うものが多いので，センサデータ処理するためには，まず，データをテーブル形式に表現することが多い。ここでは，データをテーブル形式に変換することをデータの構造化と呼ぶことにする。例えば，温度の時間変化を調べる場合は，センサ値を時間順に並べたテーブルをつくるし，温度と圧力の関係を調べる場合には，時間，温度，圧力を列とするテーブルをつくる。

† 正確には，データモデルとは，データ構造，データ操作，データ制約の三つの構成要素からなる。データ構造とは，データ型やデータ間の関係を定義するものである。データ操作とは，データの検索や更新を行う操作の集まりである。データ制約とは，データやデータ間に成り立つ制約条件を定義するものである。本章では，データ構造のみを扱う。

本章では，現実世界の事象として，航空機のフライトを取り上げ，「データをテーブル形式で表現するにはどうしたら良いか。また，表現したテーブルを視覚化するのはどうすれば良いか (5.2 節)」，つぎに，「テーブルで表現したデータを統計手法に基づき近似的に表現するためにはどうすれば良いか (5.3 節)」について説明する。

5.2 センサデータの構造化と視覚化

航空機フライトの事象において，個々の航空機は，高度，速度，さらには，飛行機の部品であるエンジンやフラップに付与されているセンサで取得したデータを，時間ごとに地上のサーバへ送信しているとしよう。そして，地上のサーバ側である特定の機体の離陸時の速度と高度の関係を可視化する処理の実現方法を考えよう。

5.2.1 データの構造化

まず，機体に付与されているセンサは，定期的に値を観測し機体のデータ収集用のコンピュータに送付する。データは，センサから送信する時点では，(‘センサ名’，‘時間’ ‘センサ値’) の三つの値の組 (三つ組) である。

つぎに，機体上のデータ収集用のコンピュータが地上サーバにデータを送付する際には，サーバから見てどの機体のデータかがわかるように，機体番号を付与して地上のサーバに送る必要があるだろう。センサからデータを受け取るたびにサーバに送るとすると[†1]，送付データは，(‘機体番号’，‘時間’，‘センサ名’，‘センサ値’) の四つ組みになる。

つぎに，サーバ側では，複数の機体から異なったタイミングでデータを受け取るだろう。この場合，テーブルの構造は**図 5.2** の (T) のようになる。すなわち，‘機体番号’，‘時間’，‘センサ名’，‘センサ値’ という列を持つテーブルになる。このテーブルを“センサデータ (1 次)”と呼ぼう。このテーブルの**主キー**は，‘(機体番号，センサ名，時間)’ である。この三つ組が決まって初めてセンサ値が一意に決まるからである。

ここまでの処理をまとめると，図 5.2[†2]に示すように，発生時点では断片的な値の組であったデータをテーブル形式に整理していくプロセスになっている。このプロセスを**データの構造化**と言う。センサ自身が一意な名前持っていたとしても，そのセンサがどこに設置されているかという文脈情報を付与しないと，地上のサーバ側ではデータとして活用できない

†1 実際の旅客機は，飛行中に収集したセンサデータをレコーダに蓄積しておいて，着陸した時点で，1 フライトのデータを一つにまとめて暗号化したファイルを地上のサーバに送信する。ただし，飛行管理に重要なアラーム情報はリアルタイムに地上に伝送する。

†2 フライト関係のデータは，Flightradar24: Live Flight Tracker - Real-Time Flight Tracker Map https://www.flightradar24.com/ を参考にした。

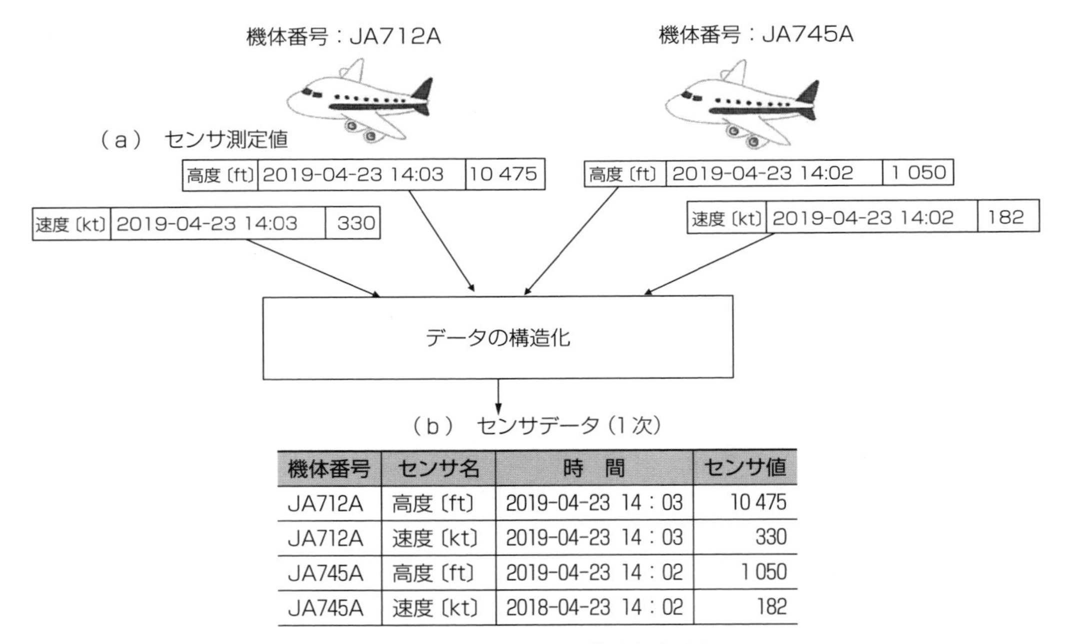

機体番号	センサ名	時　間	センサ値
JA712A	高度〔ft〕	2019-04-23 14：03	10 475
JA712A	速度〔kt〕	2019-04-23 14：03	330
JA745A	高度〔ft〕	2019-04-23 14：02	1 050
JA745A	速度〔kt〕	2018-04-23 14：02	182

図 5.2　センサデータの構造化（1次）

ことに注意しよう。

5.2.2　データの視覚化

つぎに，5.2.1 項で構造化したデータから，航空機の離陸時の高度と速度の関係を調べるために，データを視覚化してみよう。航空機が離陸して定常飛行に移行するまでは，**図 5.3**（a）に示すように，速度がしだいに速くなると，同時に高度が高くなるような関係にあるはずである。この両者の関係を知るために，時間ごとに決まる速度と高度のデータの組に対

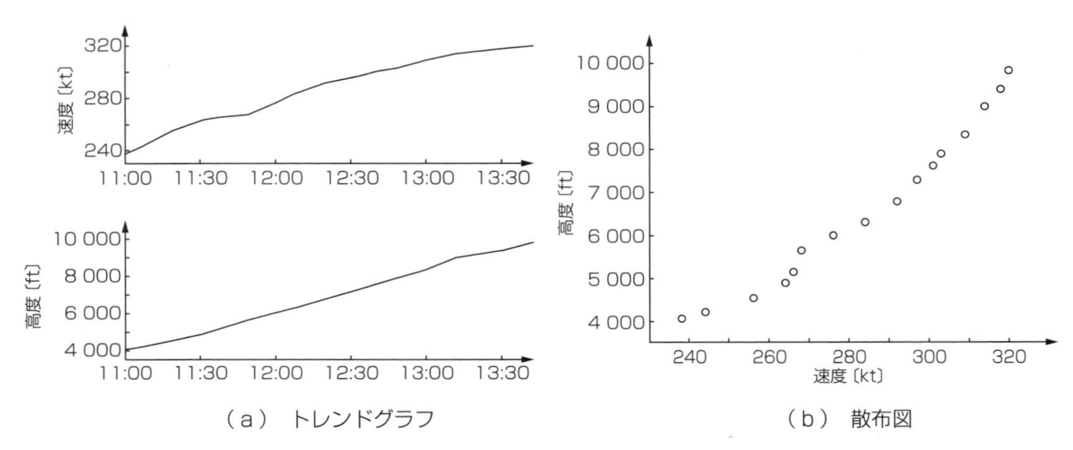

図 5.3　センサデータ（2次）をプロットしたトレンドグラフと散布図の例

して，速度を横軸に，高度を縦軸にプロットしたグラフ図（b）（散布図という）を描画するのが良さそうである。散布図を描画するためには，どのようなテーブル操作が必要だろうか。

散布図を描画するには，**図 5.4**（T1）のテーブル“センサデータ（1 次）”から，速度と高度を横並びに比較できるような図 5.4（T2）のテーブル“センサデータ（2 次）”をつくれば良い。なぜなら，このテーブルの行ごとに，速度を横軸，高度を縦軸とする点を 2 次元平面上にプロットすれば，散布図を書くことができるからである。

（a）　センサデータ（1 次）

時　間	センサ名	センサ値
2019-04-23 14：03	高度〔ft〕	10 475
2019-04-23 14：03	速度〔kt〕	330
2019-04-23 14：16	高度〔ft〕	10 675
2019-04-23 14：16	速度〔kt〕	343

→ 値を列名に持ち上げる演算 →

（b）　センサデータ（2 次）

時　間	高度〔ft〕	速度〔kt〕
2019-04-23 14：03	10 475	330
2019-04-23 14：16	10 675	343

図 5.4　センサデータの構造化（2 次）

つぎに，“センサデータ（1 次）”から“センサデータ（2 次）”をつくる操作を考えよう。この操作は，‘センサ名’の値である高度と外気温を列名‘高度’と‘外気温’に持ち上げて新たなテーブルを生成する演算になっている。

したがって，テーブル“センサデータ（2 次）”が必要ならば，データを収集する際に時間を合わせて観測するという条件を課すか，あるいは，“センサデータ（1 次）”に対して高度と速度の時間を揃えるような前処理をする必要がある。つまり，もし異なったセンサの値同士を同時間で比較したいのであれば，センサ値の観測時間とサンプリング周期を IoT システムの設計時に決めておくほうが良さそうである。

逆に，機体ごとにどのセンサが設置されているかが事前にわかっていて，かつ，データをとる時間がそろっていれば，“センサデータ（1 次）”でなく“センサデータ（2 次）”を最初からつくることもできる。しかし，モデルチェンジや点検によってセンサの追加・削除があるかもしれないし，また，異なったセンサが同じ時間にデータを取得できる保証ができない場合は，一時的にデータを格納するテーブルとしては，“センサデータ（1 次）”のほうが良いだろう。

この例が示唆するように，現実のデータ処理では，与えられた状況や目的に応じたテーブル設計とデータ構造化処理が必要となる。データ構造化は，データ分析の分野では，データ前処理やデータクレンジングと呼ばれる時間を要する作業の重要なプロセスの一つである[†]。

5.3 センサデータの統計処理

図 5.3 (b) の散布図からは，速度が速くなれば高度が上昇するという相関関係があることがわかる。この関係を数式で表現できれば，速度から高度を予測する，あるいは，高度から速度を予測することができそうである。このような目的には，**回帰分析**と呼ばれる統計処理が用いられる。回帰分析とは，速度と高度のように相関のあるデータの組の集合から，それらのデータ間の関係を表現する数式を求める方法である。

回帰分析では，速度や高度のようなデータ項目 (変数という) が未知のパラメータを含む関係式を満足していると仮定して，与えられたデータから最も適したパラメータを推定するというアプローチをとる。

より具体的に言うと，速度が速くなるほど高度が高くなるという相関関係があるとき，高度を変数 y，速度を変数 x とおき，速度が 1 m/s 大きくなるごとに高度が a〔m〕大きくなり，速度が 0 m/s のとき高度が b〔m〕だとすると，y と x は，a と b という未知のパラメータを含む関係式

$$y = ax + b \tag{5.1}$$

を満たしていることになる (**図 5.5**)。もし与えられたデータをこの式に当てはめたときの**誤差** (**予測誤差**) が最小になるようにパラメータ a と b を決めれば，y と x の関係式を求めることができるはずである。このとき，変数 y を目的変数，変数 x を説明変数と言う。

つぎに，予測誤差について考えてみよう。まず，実測値を $(x_1,\ y_1)$ とするとき，x_1 における予測誤差を，予測値 ax_1+b と y_1 の差

$$y_1 - (ax_1 + b)$$

として定義する。そして，数式 $y=ax+b$ の予測誤差としては，N 個の x と y とのデータの組の集合 (x_1,y_1)，$(x_2,y_2),\cdots,(x_N,y_N)$ が与えられたとき，データの各点ごとの予測誤差の二乗和

$$J(a,b) = (y_1-(ax_1+b))^2 + (y_2-(ax_2+b))^2 + \cdots + (y_N-(ax_N+b))^2 \tag{5.2}$$

が用いられる。数学では，このような式の総和を簡潔に表記するためにサンメンション記号 Σ を用いて，式 (5.2) を式 (5.3) のように表記する。

$$J(a,b) = \sum_{i=1}^{N} (y_i - (ax_i + b))^2 \tag{5.3}$$

---

† 前処理には，データの構造化以外にも，データの記述・要約，欠損値への対応，外れ値の検出，連続データの離散化，属性選択などがある。これらは，福島真太郎著：データ分析プロセス，共立出版に詳しい。センサデータの処理では，モノの構造が複雑になるにつれて，データの構造化が難しくなるので，本章では，特にデータの構造化を取り上げた。

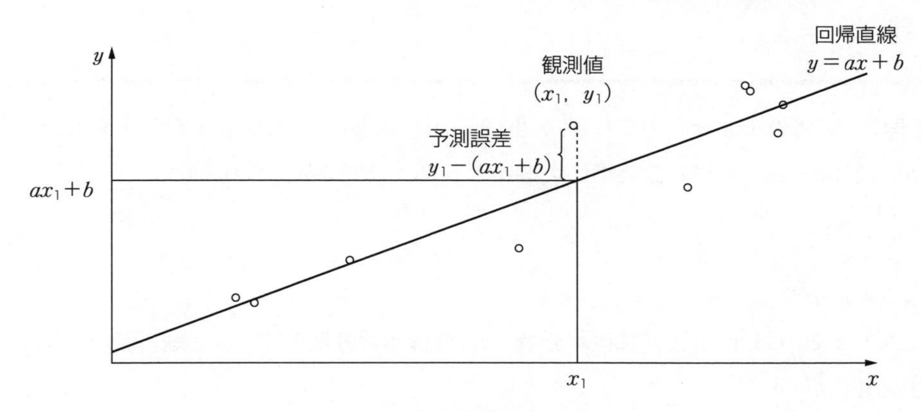

図 5.5 予測誤差

ここまでの説明をまとめると，与えられたデータの組の集合 (x_1,y_1)，(x_2,y_2),⋯, (x_N,y_N) が与えられたとき，このデータを最もよく表現する関係式 $y=ax+b$ を求める問題は，「最小二乗誤差（式 (5.3)）を最小にする a と b を求める問題」に帰着できることがわかった。予測誤差の二乗和が最小になるようにパラメータ a と b を決める方法を**最小二乗法**と言う。

図 5.3 に示した速度と高度のデータに対して最小二乗法により求めた x と y の関係式をプロットした図を**図 5.6**（a）に示す。より予測の精度を向上させるには，未知のパラメータを増やしていけば良い。すなわち，未知のパラメータを含む関係式として式 (5.1) のような一次関数ではなく，二次関数 $y=ax^2+bx+c$ を想定し，予測誤差（式 (5.4)）を最小とする a,b,c を求めれば良い。二次関数を用いれば図（b）に示すように，より小さい誤差で速度と高度の関係を表現できることがわかる。

$$J(a,b)=\sum_{i=1}^{N}\left(y_i-(ax_i^2+bx_i+c)\right)^2 \tag{5.4}$$

最後に，付録として回帰式が一次関数で説明変数が一次元の場合の解の公式とその証明を

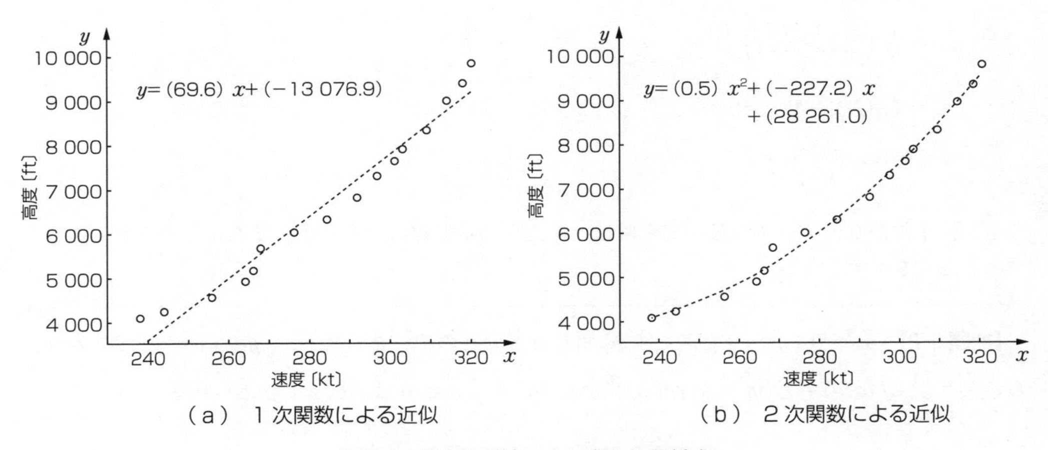

（a） 1 次関数による近似　　（b） 2 次関数による近似

図 5.6 最小二乗法により求めた関係式

示す。

【定理】 N 個の x と y とのデータの組 (x_1,y_1)，(x_2,y_2)，…，(x_N,y_N) が与えられたとき，$J(a,b)=\sum_{i=1}^{N}(y_i-(ax_i+b))^2$ を最小にする a と b は，以下で与えられる。

$$a=\frac{s_{xy}}{s_x{}^2} \tag{5.5}$$

$$b=\bar{y}-a\bar{x} \tag{5.6}$$

ここで，$\bar{x}$ と $\bar{y}$ は平均，$s_x{}^2$ は標本分散，s_{xy} は標本共分散と呼ばれる統計量で，以下で定義される。

$$\bar{x}=\frac{1}{N}\sum_{i=1}^{N}x_i,\quad \bar{y}=\frac{1}{N}\sum_{i=1}^{N}y_i$$

$$s_x{}^2=\frac{1}{N}\sum_{i=1}^{N}(x_i-\bar{x})^2$$

$$s_{xy}=\frac{1}{N}\sum_{i=1}^{N}(x_i-\bar{x})(y_i-\bar{y})$$

証明 まず，個々のデータ x_i から平均値を引くことにより，データの平均を 0 にすることができることを示す。この変換を中心化変換と呼ぶ。

【補題 5.1】 $x_i'=x_i-\bar{x}$　$y_i'=y_i-\bar{y}$ と変換すると，$\overline{x_i'}=0$，$\overline{y_i'}=0$ である。

なぜなら

$$\begin{aligned}\overline{x_i'}&=\frac{1}{N}\sum_{i=1}^{N}x_i'\\&=\frac{1}{N}\sum_{i=1}^{N}(x_i-\bar{x})\\&=\frac{1}{N}\left(\sum_{i=1}^{N}x_i-\sum_{i=1}^{N}\bar{x}\right)\\&=\frac{1}{N}(N\bar{x}-N\bar{x})=0\end{aligned}$$

$\overline{y_i'}=0$ も同様に得られる。

つぎに，平均が 0 のデータの最小二乗解は，原点を通る直線になること，また，その直線の傾きを求める公式を示す。

【補題 5.2】 $\overline{x_i'}=0$，$\overline{y_i'}=0$ を満たす N 個の x と y とのデータの組 $\{(x_i',y_i')\mid i=1,\cdots,N\}$ が与えられたとき，$J(a,b)=\sum_{i=1}^{N}(y_i'-(ax_i+b))^2$ を最小にする a と b は，以下で与えられる。

$$a=\frac{\sum_{i=1}^{N}x_i'y_i'}{\sum_{i=1}^{N}(x_i')^2}$$

$$b=0$$

すなわち，回帰式は

$$y_i'=\frac{\sum_{i=1}^{N}x_i'y_i'}{\sum_{i=1}^{N}(x_i')^2}x_i'$$

である。

$J(a,b)$ は a と b において極値をとるので

$$\frac{\partial J(a,b)}{\partial a}=0,\ \frac{\partial J(a,b)}{\partial b}=0$$

を満たす。

すなわち，$J(a,b)$ を最小とする a と b は

$$\sum_{i=1}^{N}(y_i'-a-bx_i')x_i=0,\ \sum_{i=1}^{N}(y_i'-a-bx_i')=0$$

を満たす。

$$\sum_{i=1}^{N}(y_i'-a-bx_i')x_i'=0$$

より

$$\sum_{i=1}^{N}x_i'y_i'-a\sum_{i=1}^{N}x_i'-b\sum_{i=1}^{N}(x_i')^2=0$$

$\overline{x_i'}=0$，$\overline{y_i'}=0$ より，$\sum_{i=1}^{N}x_i'=0$ であるから

$$\sum_{i=1}^{N}x_i'y_i'-b\sum_{i=1}^{N}(x_i')^2=0$$

すなわち

$$b=\frac{\sum_{i=1}^{N}x_i'y_i'}{\sum_{i=1}^{N}(x_i')^2}$$

$$\sum_{i=1}^{N}(y_i'-a-bx_i')=0$$

より

$$\sum_{i=1}^{N}y_i'-aN-b\sum_{i=1}^{N}x_i'=0$$

$\overline{x_i'}=0$，$\overline{y_i'}=0$ より，$\sum_{i=1}^{N}x_i'=0$ $\sum_{i=1}^{N}y_i'=0$ であるから

$$aN=0$$

すなわち

$$a=0$$

したがって，回帰式は，$y_i'=\frac{\sum_{i=1}^{N}x_i'y_i'}{\sum_{i=1}^{N}(x_i')^2}x_i'$ である。

最後に，補題 5.1 と補題 5.2 を用いて，定理を証明する。

$$y_i{}' = \frac{\sum_{i=1}^{N} x_i{}' y_i{}'}{\sum_{i=1}^{N} (x_i{}')^2} x_i{}'$$ に，$x_i{}' = x_i - \bar{x}$　$y_i{}' = y_i - \bar{y}$ を代入すれば

$$y_i - \bar{y} = \frac{\sum_{i=1}^{N} (x_i - \bar{x})(y_i - \bar{y})}{\sum_{i=1}^{N} (x_i - \bar{x})^2} (x_i - \bar{x})$$

を得る。整理すると

コラム：測定，誤差，そして，最小二乗法

IoT ではセンサを用いた測定は基本であるが，測定には必ず誤差が存在する。この測定誤差は，外的な条件や測定装置や測定方法などが原因になって生じる「系統誤差」と，系統誤差をいくら取り除いてもなお残る誤差である「偶然誤差」に分類される。測定では，まずこの単純誤差を取り除くことが重要であるが，偶然誤差が存在する以上，測定データから真の値を求めるにはどうすれば良いかという問題が生じる。

例えば，重さを測定して，$x_1, x_2, \cdots, x_n$ という測定値が得られたとしよう。このとき，真の値を求めるにはどうすれば良いだろうか。じつは，ここで最小二乗法が使える。すなわち，「真の値を x として，最小二乗和

$$J(x) = (x_1 - x)^2 + (x_2 - x)^2 + \cdots + (x_n - x)^2$$

を最小にするような値 x を真の値だとみなせば良い」というアイデアである。

$J(x)$ を最小にする x では微分係数が 0 になるので

$$\frac{dJ(x)}{dx} = 0$$

が成立する。

$$\frac{dJ(x)}{dx} = 2(nx - (x_1 + x_2 + \cdots + x_n))$$

であるから

$$x = \frac{x_1 + x_2 + \cdots + x_n}{n}$$

が $J(x)$ を最小にする x になることがわかる。この x は，なじみのある「平均値」である。すなわち，測定値から誤差を取り除くための方法として，測定を繰り返してその平均値をとるという操作を行うが，その数学的な根拠は最小二乗法に求めることができるというわけである。

測定精度の数学的な取扱いは，歴史的には天体観測から生まれてきた。最小二乗法は，ルジャンドル（1752-1833）により，1806 年に「彗星の軌道を決定するための新しい方法」で初めて発表された。その後，19 世紀の最大の数学者の一人であるガウス（1777-1855）は，1809 年に出版された出版物「天体運動論」の中で，1795 年にすでに最小二乗法を発見していたという説明を加えたため，先取権を巡るいざこざが生じることになった。もっとも，ガウスはさらに先に進んでおり，「天体運動論」の中で「ランダム誤差」が従う分布として正規分布（ガウス分布）を論じており，「ガウス・マルコフの定理」として歴史に名をとどめている。

$$y_i = \frac{\sum_{i=1}^{N}(x_i-\bar{x})(y_i-\bar{y})}{\sum_{i=1}^{N}(x_i-\bar{x})^2}x_i - \frac{\sum_{i=1}^{N}(x_i-\bar{x})(y_i-\bar{y})}{\sum_{i=1}^{N}(x_i-\bar{x})^2}\bar{x} + \bar{y}$$

すなわち

$$a = \frac{\frac{1}{N}\sum_{i=1}^{N}(x_i-\bar{x})(y_i-\bar{y})}{\frac{1}{N}\sum_{i=1}^{N}(x_i-\bar{x})^2} = \frac{s_{xy}}{{s_x}^2}$$

$$b = -\frac{\sum_{i=1}^{N}(x_i-\bar{x})(y_i-\bar{y})}{\sum_{i=1}^{N}(x_i-\bar{x})^2}\bar{x} + \bar{y} = -a\bar{x} + \bar{y}$$

を得る。　（証明終わり）

章　末　問　題

【5.1】 公共設備，家庭生活，産業活動といったアナログな現実世界からディジタルデータを収集して，インターネットを介してクラウドに集めることによって，いろいろなIoTアプリケーションを考えることができる。公共，家庭，産業のシーンごとにIoTアプリケーションを考え，おのおののアプリケーションにおける「データの発生源」，「収集されるデータ」，そして，「アプリケーションによって得られるベネフィット」について考察せよ。

【5.2】 速度と高度について**表5.1**のデータが与えられているとする。

表5.1　速度と高度

速　度	176	183	202	218	225	238	244	256	264	266
高　度	3 275	3 350	3 500	3 700	3 825	4 100	4 250	4 575	4 925	5 175

速度と高度の平均値と標準偏差を求めよ（少数第一位までで良い）。

データ $x_1, x_2, \cdots, x_n$ が与えられているとき，平均値 $\bar{x}$ と標準偏差 s_x の計算式は以下の通りである。

$$\bar{x} = \frac{1}{N}\sum_{i=1}^{N}x_i, \qquad s_x = \sqrt{\frac{1}{N}\sum_{i=1}^{N}(x_i-\bar{x})^2}$$

【5.3】 速度を x 軸，高度を y 軸として，【5.1】のデータとその平均値と標準偏差を散布図にプロットせよ。

【5.4】 速度と高度のおのおののデータから平均値を引いたデータをつくり（中心化変換），変換後の速度と高度の平均値と標準偏差を求めよ。そして，中心化変換の前後での値を比較せよ。また，速度を x 軸，高度を y 軸として，【5.3】で得られたデータとその平均値と標準偏差を散布図にプロットせよ。

【5.5】 中心化したのちに標準偏差で割る変換（x_i を z_i への変換）を z 正規化と言う。

$$z_i = \frac{x_i - \bar{x}}{s_x}$$

z 正規化は，平均を0，標準偏差を1にする変換であり，単位の異なる複数データの相関を調べる際によく用いられる。z 正規化したデータの散布図をプロットせよ。

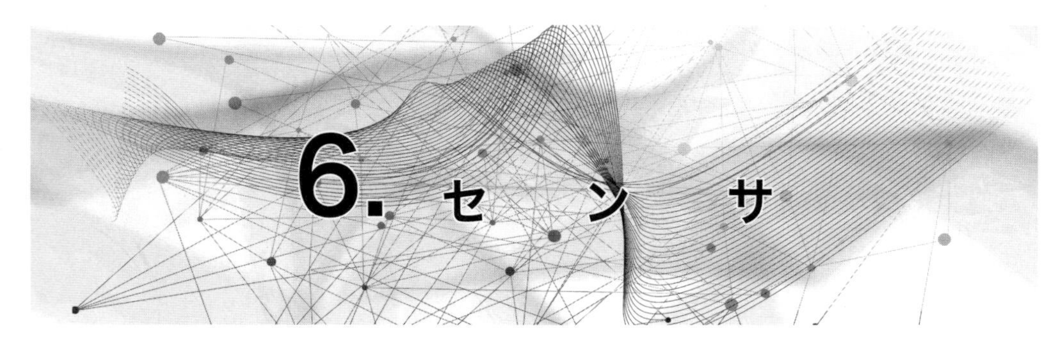

6. センサ

IoT システムにおいてセンサは，システムの入力として，多様な情報を集めるために使われる。対象の情報を計測することの困難さは対象やその環境によって異なるが，精密な計測には，ときに大規模な設備が必要となる。近年は電気回路と混載の微細機械の加工技術の発展に伴って小型で性能の良い MEMS（Micro-Electro-Mechanical Systems）センサが広まり，身の回りの機器に多数のセンサが埋め込まれるようになってきた。IoT システムで入力に使われるセンサは，対象領域の実世界とシステムとの接点となる重要な要素であり，正確さや信頼性が異なる，多種多様なセンサが使われる。本章では，センサの技術を概説し，センサを使用する際に知っておくべき事項を説明する。

キーワード：センサ，計測，AD 変換，誤差

6.1 センサの概要

センサ（sensor）とは

① 知りたいことや計測したい量などの対象の情報，事象を

② 物理現象などから，なんらかの方法で読みとり

③ 機械や人間が扱うことができる信号に変換する装置

であり（**図 6.1**），計測・検知・判別を行うことをセンシングと言う。測定方法や，測定結果の扱い方は計測工学として体系化されている[1)]。

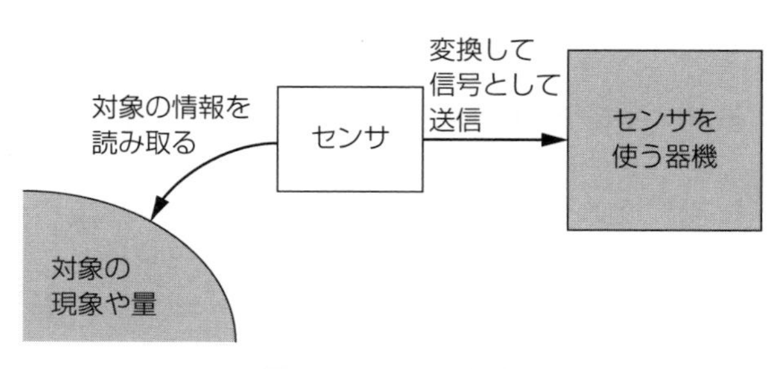

図 6.1 センサの役割

センサの動作や概念を説明するための例として，ドアに鈴を取り付け，ドアを開けると鈴が鳴るドアチャイムを考える。

ドアチャイムは，① ドアの開閉を検知するために，② ドアの加速度を鈴を使って，③ 人間が聞き取ることができる音に変換するセンサの役割を果たしている。ドアチャイムではドアの開閉を検知するために加速度を用いているが，このために使うことができる物理量には

これ以外にもいろいろあり，例えば，磁気近接センサとマグネットを用いる方法や，マイクロスイッチを用いて検知することができる（この方式の違いで，検知の正確さや，信頼性が変わる）。

センサで知りたいことと，計測する対象と，どのように計測するかは階層的である。ドアチャイムの例では，開閉を知るために，ドアの動きを読み取っているが，より要求・目的・応用領域に近い視点で見れば，来客（あるいは侵入者）を検知するために，ドアの開閉を読み取った，と考えることができる。より実現方法に近い視点では，ドアが大きな加速度を持つことを検知するために，鈴の動きを見て音に変換したのだ，と捉えることができる。

センサによってなにを知りたいか，なにを計測したいか，ということは，応用領域に近づくにつれ多様さを増すが，コンピュータに直接つながる実現方法に接する領域では，物理現象を計測することとなる。

例えば，重さ，力，距離，変位，速度，流速，加速度，角速度，近接，接触，押下，存在，電力，電流，電圧，温度，湿度，磁気，光，電磁波，放射，反射，透過などの現象の強度，時間経過，位相差，周波数変化，空間/時間に関する分布などが，直接計測する対象の例である。

6.2　物理現象をどうやって捉えるか

センサでは，測りたい対象の物理量の変化が引き起こす機械的な特性の変化によって起きる電気的な特性の変化を読み取ることが多い。位置の変位を，可変抵抗によって抵抗値に置き換えて調べるとか，力によるひずみを静電容量の変化で調べる，というのがその代表的な例である。

同じ物理量を測るのに使える方法は一つとは限らない。例えば，温度の計測をするためにはつぎのような方法がある。

- **液柱温度計**：温度変化を水銀，灯油，アルコールなどの温度による体積変化によって計測する。
- **バイメタル**：2種類の金属を貼り合わせ，二つの金属の熱膨張係数の違いによって置きる変形を位置変化として取り出す。
- **サーミスタや白金**：温度変化による抵抗の変化を電気的に計測する。
- **熱電対**：二つの金属の接合部分に作用する熱起電力の大きさを計測する。
- **放射温度計**：温度により異なる放射される赤外線などの光の強さを計測する。
- **温度ヒューズ**：温度が高くなることで，機械的破壊を起こし，電気的に遮断する。

あるいは距離を測る方法を考えると，つぎのようにさまざまな方法がある。

・2点の位置を用いる方法：定規やメジャーを当てて測る，カメラで得られる画像内の位置として測る。
・測距輪による方法：測距輪の回転回数を数える。
・減衰による方法：音波や電波，光の減衰により距離を推定する。
・到達時間による方法：音波や電波，光の到達時間により距離を計測する（パルスやバースト波の到達時間，あるいは，位相変化による）。
・幾何学的に求める方法：三角測量の原理を用いて計測する。

どの方法を取るかによって，計測範囲，正確さ，応答性，外乱への頑強さ，機械的強度などが異なり，計測環境や目的によって適した方法が変わる。

センサの方式には大きく分けて，**アクティブ**（active，**能動的**）なものと**パッシブ**（passive，**受動的**）なものがある。アクティブなセンサは，センサの側から働きかけて，反応を調べるもので，例えば，光・電磁波・音を当てて，反射や透過を見るものなどである。この方式では対象がなにもしなくても十分に強い信号を発している必要がなく，外乱に強いセンサを構成しやすい。一方で，パッシブなセンサは対象から情報を受け取るだけで計測する方式である。パッシブなセンサは対象に働き掛ける必要がないため，シンプルに構成しやすくまた消費電力が少なく済むことが多い。さらに計測対象に与える影響が少ない，複数のセンサを用いるときに相互に干渉しにくい，という特徴を持つ。センサの分類には，非侵襲（対象を傷つけることなく計測できる）かどうか，接触（直接取り付ける）か非接触かといった分け方もある。

6.3　変換を伴う計測

対象の量を直接測るのではなく，一旦計測した別の量になんらかの処理をすることで計測したい量を求める方法について説明する。

計測できる量の**時間変化**（**微分**）や，**蓄積**（**積分**）によって対象の量を求める場合がある。速度を測るためには，昔ながらの車軸に取り付けた発電機の出力の周波数を測る方法や，車軸の回転の周波数を計測する方法，航空機で対気速度を測るのに使われる静圧と動圧の差から流体の速度を測る方法などがあり，直接速度を得ることができるが，速度は，単位時間当たりの位置の変化であるから，異なる時間の位置を計測することによって，測ることもできる。ループコイル式の速度取締り装置では，2地点を通過した時間をそれぞれ検知し，その差を用いることで車両の速度を計測している（ちなみに速度取締装置では，車両の速度を測るというほぼ同じ計測にもかかわらず，状況によって異なる複数の方式が使われている。同じ現象を捉えるのでも，制約によって違う方式を使わなければならない良い例であろう）。

反射する超音波のドップラー効果により起きる反射波の周波数の増減で速度を測ることができることはよく知られているが，反射波の周波数の増減は（位相検波，直交検波などで簡単に求められる）位相を決まった時間間隔で複数回求め，その時間当たりの変化で求めることができる。

また，制御で安定化したり，予測するのに測定した量の時間に関する微分を必要とすることがある（7.2節および8章を参照）。このようなとき，別途微分した量を計測することなしに，複数回位相を測って，時間当たりの変化を求めることで時間微分の近似値を得ることができる。

これらのように，複数回計測した量の変化によって，測りたい量を計測することがある。この場合，過去のデータを使うので，わずかではあっても過去の微分となることや，得られるのが微分の平均であることに注意しないといけない。より深刻な問題として，引き算したうえで小さい時間で割る（大きな数を掛けるのと等価）ので，（外乱や処理中に起きた）微小な誤差が拡大し計算結果に大きな影響を与えることがある。引き算により求めた微分の近似値を使う場合には，どのような外乱や誤差があるのか注意しなければならない。

一方で，複数回計測した量の蓄積（積分）によって所望の値を求めることもある。向きを調べようと思った場合，最も単純には，可変抵抗のツマミの向きを，電気抵抗を測るとか，周りの景色や基準点が発する信号とのマッチングによって位置や向きを調べる方法などがありえるが，より制約の少ない方法として，ジャイロスコープセンサにより計測できる角速度（角度の時間微分）を時間に関して積分する方法がある。あるいはロボットの現在位置を求めるのに，元の位置に対して，方向も含めた瞬時の移動量のベクトルを積算するという方法がある。電池残量を調べるために，電池から流れ出る電流を時間に関して積分し，流れ出た電荷量を求め，電池の容量から引いて求めることができる。

このように，基準の値に対して，複数回計測した量を蓄積（積分）することによって求める量を計算する場合，系統誤差によって起きるわずかな誤差が，蓄積されることに注意する必要がある。正確度を限りなく上げるのは難しいため，このような蓄積する誤差を抑えるのは容易ではないが，短時間の蓄積にとどめるか，ほかの測定結果と組み合わせ定期的に補正を行うことで対処が可能である。上記の例では，GPSによる位置変化の測定結果やマップとのマッチングをする，あるいは，電池残量では定負荷時の電圧を使って補正を行うことができる。

計測対象の既知の特性をキャンセルをすることによって必要な量を計算することがある。レーダや超音波画像診断装置など，信号の反射強度の空間分布を求める場合，距離によって減衰するため，距離によって異なる増幅（または減衰）をすることで元の値を求め，反射する割合を求める。また，既知の非線形特性の逆関数を掛けることで補正することも一般的である。

撮像素子や，空間的なスキャンによって，画像のような空間に関する分布を得た場合，膨大な情報があるが，そこから必要な情報を取り出すために複雑な処理が必要となることがある。例えば，空間的な分布から**ノイズ**を低減する，1ピクセル未満の位置の同定を行い空間方向の精度を向上するなどがある。また，画像からの**二次元バーコード**の検知，**機械学習**や**パターン認識**による検知技術などは，画像データから所望の情報を取り出す有効な方法である。**リモートセンシング**でしばしば使われる，**マルチスペクトラムイメージング**では画像自体がピクセル数次元のベクトルという（超）高次元のデータであるところさらにそれぞれのピクセルごとに数百という異なる波長ごとの電磁波の放射量を持つ。この1ピクセル内のベクトルのパターンによって特定の位置で，ピクセル位置ごとに植生がどうか，水分量がどうか，などを調べることができる。

6.4　センサからの出力形式

センサからの出力は，ソフトウエアによるディジタルの複雑な処理を経て得られる場合のように直接コンピュータが扱えるデータとして生成されることもあるが，通常はセンサモジュールからなんらかの方法で取り込む必要がある。

単純なセンサの場合，アナログ回路によって処理される多くの場合は（アナログの）電気信号に変換され取り出される。電気信号としては多くのばあい，センサからは信号の大きさに応じた電圧が用いられる。例えば，国際電気標準会議の標準規格であるIEC 60381-2では直流5Vを上限とする信号の表現方法が規定されている。実際には，電源電圧などにも依存して実現が容易で扱い易い，数V～十数Vの電圧が使われる。

電圧ではなく電流の大きさで信号の大きさを表現した出力を用いることもある。直接あるいは単純なトランジスタ回路などで電流が得られる場合そのまま出力とすることがあるし，あるいは，現象を計測するセンサモジュールがそれを処理する機器と離れている場合などに，信号の表現に電流を用いることで伝送路でノイズが混ざりにくくすることができる。

ノイズの低減という観点では，0と1で表現できるディジタル信号に変換して伝送するほうが効果が大きい。代表的なものに，パルスを用いて信号の大きさを**パルス位置**や**パルス幅**に置き変えて出力する方法がある。そのような変換をそれぞれ，**パルス位置変調**（PPM：Pulse Position Modulation），**パルス幅変調**（PWM：Pulse Width Modulation）と呼ぶ（**図6.2**）。出力が連続時間で得られないという欠点はあるうえに，コンピュータで読み取るためにはパルスの立ち上がりや立ち下がりの時間の計測をする必要があり，読み込みプログラムは少し複雑になるが，センサ出力をディジタル回路のみで扱えるという利点がある。

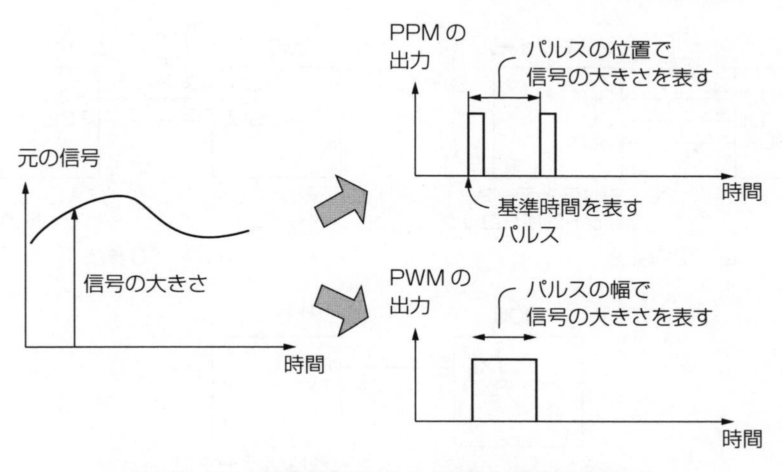

図 6.2 パルス位置変調（PPM）とパルス幅変調（PWM）

電圧などで表現されるアナログの電気信号は，**AD 変換**（アナログ–ディジタル変換，7.1.2 項参照）によって，離散時間でかつ有限のビットで表現できる，コンピュータで扱うことができる形式に変換されるが，センサモジュールによっては，内部で AD 変換を行いディジタルで数値データとして出力を行う。この場合，接続方法や通信手順によっていくつかの方法があるが，最も直接的な方法は**パラレル接続**による伝送である。パラレル接続によるパラレル方式では，信号線を複数用意し，複数のビットを同時に送る（**図 6.3**）。数値を表すのに必要なビット数分の信号線と，信号を読み取る（あるいはつぎの値に切り替える）タイミングを知らせるための線が必要となる。読み取り手順は単純だが，信号線が多くなるのが欠点である。

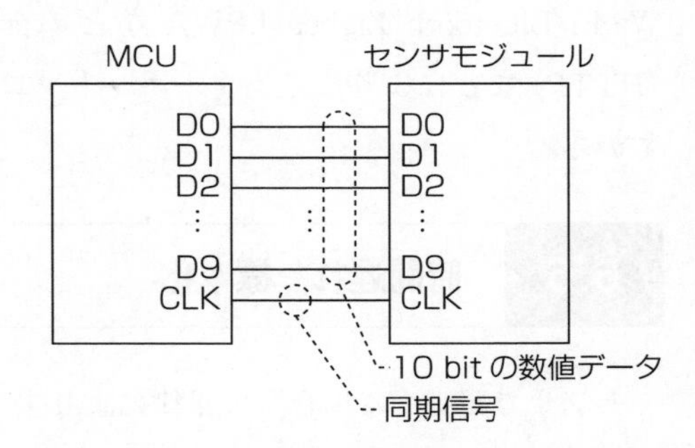

図 6.3 パラレル接続による伝送

センサとの通信では，一つの信号線に上位ビットから（もしくは下位ビットから）1 bit ずつ逐次的に送る**シリアル方式**のほうがよく使われる。パラレル方式と比べると，信号線が少なくて済む，という利点があるためである。同じ利点によりセンサ以外の，集積回路や基盤の検査やデバッグなどに使われる JTAG や，電子楽器制御に使われる MIDI などでもシリアル方式が使われている。シリアル方式には，パラレル方式で問題となる信号線間のタイミングのずれの影響が少ないため高速化が容易であることから，PCI Express や USB で高速通信を行うための技術的な基盤ともなっている。

シリアル通信を行う方式はいくつかあるが，マイクロコントローラとセンサを含む周辺モジュールとの間では **SPI**（Serial Peripheral Interface），I^{2}C（Inter-Integrated Circuit），

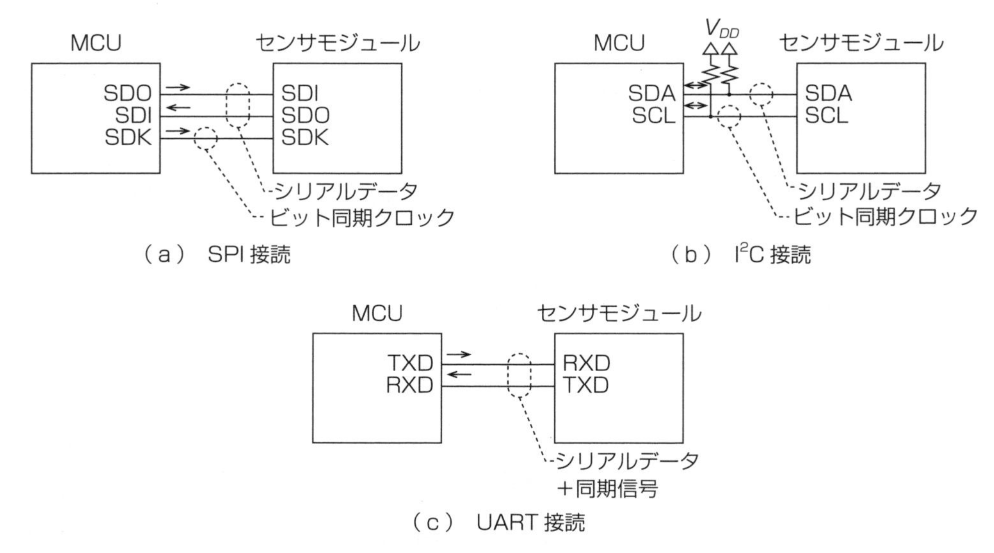

図 6.4　SPI，I^{2}C，UART による接続例

UART（Universal Asynchronous Receiver/Transmitter）が使われることが多い（**図 6.4**）。

最近では，高速で柔軟な通信の必要性，機器のネットワーク化，IoT の進展により，Wi-Fi/Bluetooth/Zigbee/LPWA などの無線ネットワークや，MQTT，CoAP や REST（HTTP）などにより，インターネットプロトコルを通してセンサデータを送ることも増えている。

6.5　時間遅れ，標本化

センサで観測する場合，因果律により未来の事象を観測することができないことは当然であるが，観測や処理に時間が掛かるため，一般に現在この瞬間ではなく過去の事象しか観測できない。

応答までの直接的な時間制約がある場合（例えば，挟み込みを検知してから一定時間内に停止しないといけないなど）には，どのくらい前の過去の現象しか見えないのか把握しておく必要があるし，センサ入力を元にフィードバック制御を行う場合遅延が大きくなると，制御の安定性を確保するのが困難となる（制御に関する話題は 7 章を参照）。

観測に掛かる時間（その前後に掛かるフィルタによる遅延時間も含む）や，AD 変換に掛かる時間，ディジタルのデータ伝送に掛かる時間，その後の処理に掛かる時間などを合わせたものが最終的な遅延となる。

観測に掛かる時間は，観測方式によって原理的に必要となる時間がある。例えば，音波を短時間放射して，反射波によって距離を測る場合，観測の往復に掛かる時間が必要で，被測定物が動いている場合，反射波を受信したときの距離ではなくなる。CCD で光を受信する場合，一定時間光を受けることで，蓄積した電荷の量を測るので，過去の一定時間の平均が計測される。あるいは，ある事象を2回計測してその差分から微分の時間平均を求める場合も，過去の一定時間の平均が計測される。こういった場合計測時間のおよそ半分くらいの時間前の過去を見ている，と言って良いであろう。これらの計測時間は計測間隔の下限にも影響する。

前節で説明したセンサからの出力形式にかかわらず，センサで得られた値をコンピュータ/ソフトウェアで使う場合，連続時間の出力は AD 変換などにより，離散時間の数列として扱う。連続時間の変化する値から，離散時間の数の列へ変換することを**サンプリング**，あるいは**標本化**と言う（**図 6.5**）。一般には等時間間隔で値を取って数列へ変換するが，このときの間隔を**サンプリング周期**，**標本化周期**と言い，その逆数である単位時間当たりに標本を取る頻度を**サンプリング周波数**，**標本化周波数**と言う。サンプリング周波数の単位には Hz または，sps（samples per second），cps（counts per second）が用いられる。

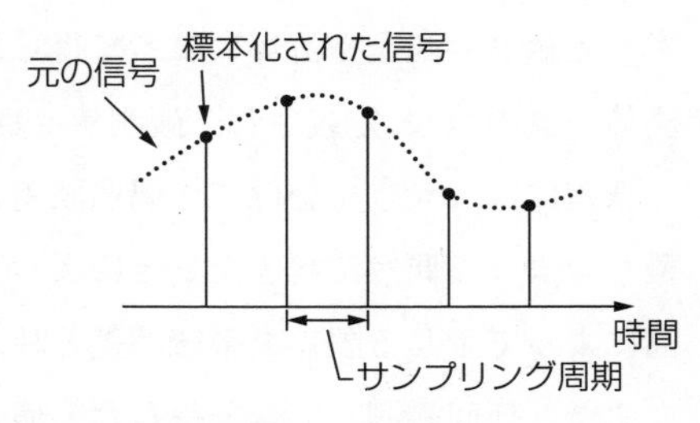

図 6.5　標本化とサンプリング周期

AD 変換器には，積分形，逐次比較形，並列形，デルタ変調形などさまざまな種類があるが，映像のディジタル化などに使われる全並列型を除くと一般に変換は遅く時間が掛かる。この場合，得られた値は，変換時間分だけ過去の値であり，遅延が起きていると言える。この遅延は少ない場合もあるが，多くの場合，標本化周期の数分の1から1倍弱程度の遅延が起きると考えておくと良い（なお AD 変換を複数のステージに分ける方式では，より大きい遅延が起きることもある）。

ディジタルのデータ伝送を考えると単純なものでも**1フレーム**送る分の時間の遅延は避けられない。センサモジュールによっては，センサの観測値を一旦記憶しておき，読み出しのタイミングで値を得るが，実際の計測の間隔や計測-蓄積-読み出しの時間差がわかりづらいものもある。また，ネットワーク越しでインターネットや無線のフロー制御に掛かる時間，多くの中継点を介することが大きな遅延を引き起こすなど，方法によって意識しておかなければならない遅延要因が増えていく。

伝送後の処理としては，純粋な計算時間以外に，例えば，**ディジタルフィルタ**を掛ける（標本化・量子化したディジタル信号をフィルタリングする処理）ことによる遅延や，周期タスクの待ち時間などが有り得るだろう。コンピュータ/ソフトウエアによる処理は，遅延を簡単に実現できることと引き換えに，多様な処理をする能力を得ており，特にソフトウエアの観点では遅延やタイミングの深刻さに無頓着になりがちであるが，簡単に遅延を混ぜ込んでしまいがちであることに注意しなくてはならない。

6.6 センサ値の正しさ

センサを用いて観測した値は正確とは限らない。どのような不正確さが起こるのかは，正確な値とのずれに対処し，観測した値を活用するために重要である。
本当の値と，観測や計算によって得られた値の差を誤差，あるいはエラーと言う。誤差＝観測値－真の値 と定義され，観測値＝真値＋誤差 という関係となる。

誤差には，大きく分けて，偶然誤差と系統誤差がある。観測者にはコントロールするのが難しいような偶然に起きたことによって生じるのを**偶然誤差**と呼び，特定の偶然ではない原因によって生じる誤差を**系統誤差**と呼ぶ。

また，何回観測しても，得られる値が特定の傾向に偏る誤差と，傾向を持たずにばらつく誤差がある。系統誤差は前者となる場合が多いが，後者の誤差を起こすこともある。例えば，各回の観測を独立して見ると，ばらばらに見えるが，複数回の観測をまとめてみると，周期的であったり，特定の周波数の信号だったり，強い自己相関を持っているような場合である。

真の値との近さを**正確さ**，その度合いを**正確度**と言い，ばらつきの大きさを**精密さ**，その度合いを**精度**と言う。ばらつく誤差は測る度に異なり，精密さを失わせる原因となる（なお，正確さや精密さを含んだ真の値との一致度合いを精度と呼ぶこともある）。

誤差に対処するためには，誤差の原因やその性質，許容できる誤差の程度を明らかにすることが重要となる。誤差には

（1） センサや測定系の特性の変化によって起きるもの。
　　（これには温度や電気的，機械的な変化，劣化など経時変化を含む）
（2） 外部の環境からの入力による外乱。
（3） 処理や計算により，発生したり，誤差が増幅するもの。

などがある。AD 変換による丸めにより起きる量子化誤差は（3）の一種である。誤差の大きさは，**S/N 比**（Signal to Noise Retio：**SNR**）すなわち誤差に対する信号の大きさの比で表わされる（大きさは通常二乗平均の平方根で評価する）。S/N 比は通常 **db** を単位とした比の対数値 $10\log_{10}(P_S/P_N)$（P_S，P_N がそれぞれ信号，誤差の電力の場合）あるいは，$20\log_{10}(A_S/A_N)$（A_S，A_N がそれぞれ電流，電圧，音圧などの信号，誤差の場合）で表される。

これらの誤差は

（a） 原因を除去する。

（b） 原因を打ち消す。

（c） 影響を受ける使い方を避ける。

などによって回避できる。例えば，1 m の定規で長さを測るとき，温度によって，定規の長さが変わることが誤差の原因だとする。（a）としては，温度を一定にする，温度によって長さが変わらない素材の定規を用いるなどが考えられる。（b）としては，あらかじめ別の方法で温度によって誤差がどのくらい出るか測っておき，補正する，あるいは逆の変化をする素材を使って測ったものと平均を取る，などが考えられる。（c）は，長さを測るのではなく，長さの差の測定に用いる（90 cm と 85 cm の差を測る場合，長さを測るよりも誤差が少なくなる）などである。

別の例として，光センサで対象の色を測り制御に用いることを考える。外光のばらつきが影響を与えるので，蛍光灯や水銀灯のように 100 Hz または 120 Hz で明滅をする環境下では，対象の色情報に，外光による外乱が足されたものが観測される（**図 6.6**）。

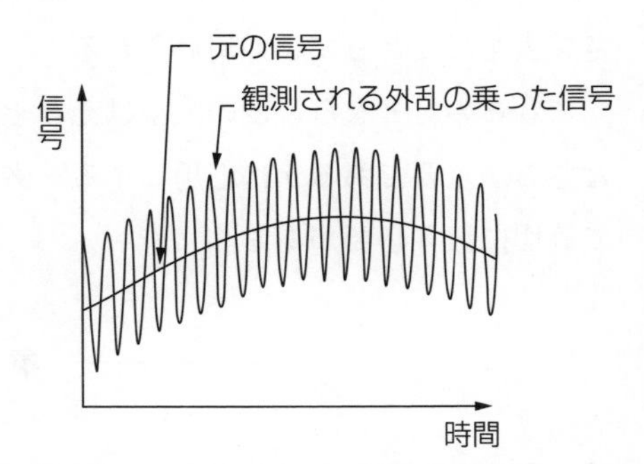

図 6.6 外光が光センサに影響を与える例

このとき，安定した光を照射し，外光が対象にあたらないように覆いをする，というのは（a）の対処方法である。あるいは，（b）決まった周波数の誤差信号となるという信号の特徴から外乱の成分を取り出し，将来の誤差を正確に予測し計測結果から差し引くことでも対処できる。また，制御で使う場合には，数値微分（直前の値との差をサンプリング周期で割ることで，微係数の傾きを求めるなど）を制御に用いることがあるが，数値微分は小さい値で割る＝大きい値を掛ける操作であり，このようなばらつきの大きい誤差を増幅し，微分値つまり傾きが著しくずれるので，（c）微分を用いない制御を検討する，あるいは，小さい値で割ることを避けるなどで誤差の影響を受けないようにすることができる。

誤差にどのような傾向があるかを把握することも重要である。値が大きく出る傾向があるのか，小さく出る傾向があるのかわかれば，対処が容易となる。特に事象の有無を 2 値で判定するような，2 項分類の場合誤りの種類として

・検出されたのに本当は起きていない「**偽陽性**」（第一種過誤（Type I error）とも呼ばれる）

・本当は起きているのに検出されない「**偽陰性**」（第二種過誤（Type II error）とも呼ばれる）

を区別しておかなければならない。例えば，自動ブレーキを作動すべきときにブレーキが掛からないことと，自動ブレーキが作動すべきでないときにブレーキが掛かってしまうこと，を混ぜて評価すると，誤りの対処が困難となる。

これらを区別せずに，正確さを表す尺度を「**正確度**」(＝(真陽性数 ＋ 真陰性数)÷ 全体の数) と言う (ただし，正しく判定された場合を「真陽性」/「真陰性」ということとする)。

これらを区別して誤りの度合いを表す尺度として，本当は真なのか偽なのかによって分けて，陽性のものの中で検出されないものの割合である「**偽陰性率**」(＝ 偽陰性数 ÷(真陽性数 ＋ 偽陰性数)) と，陰性のものなかで検出されるものの割合である「**偽陽性率**」(＝ 偽陽性数 ÷(真陰性数 ＋ 偽陽性数)) がある。1− 偽陽性率 を「**特異度**」，1− 偽陰性率 を「**感度**」と呼ぶ。

検出されたものに着目した「**適合度**」＝「**精度**」(＝ 真陽性数 ÷(真陽性数 ＋ 偽陽性数))，「**再現率**」(＝ 真陽性数 ÷(真陽性数 ＋ 偽陰性数)，「感度」と同じ) も 2 項分類の良さを表す尺度としてよく用いられる。

これらの対となる尺度の大小はそれぞれ一般にトレードオフの関係となることが多いが，どちらが重要であるかは応用による。劣化，故障，環境要因でどのように変化するかも含めて適切に扱う必要がある。

章　末　問　題

【6.1】 IoT システムにおけるセンサの役割を具体例をあげて説明せよ。

【6.2】 身の回りにあるセンサを探し，(i) そのセンサがなにを検知計測するためのものか，(ii) 検知計測する原理はなにか，(iii) どのような信号を出力するかを調べよ。

【6.3】 センサモジュールを一つ選び，その仕様を調べ，採用されている出力形式を説明せよ。

【6.4】 火災を検知して，自動的に消防署へ通報するシステムを考える。火災検知について「偽陽性率」と「偽陰性率」はなにかそれぞれ説明せよ。また，一般に (a)「感度」を上げると「偽陽性率」が大きくなり，(b)「感度」を下げると「偽陰性率」が上がる，というトレードオフの関係となることが多いが，(a)，(b) それぞれの場合のメリット，デメリットを説明し，どのようにセンサの性能を決めれば良いか論じよ。

7. アクチュエータ

IoT のシステムは入力装置，コンピュータ，出力装置で構成されており，それらはインタフェースを介してデータの受渡しを行う。インタフェースは，センサなどからの入力信号をコンピュータへ送ったり，コンピュータからの信号をアクチュエータやモニタに送ったりする働きを担う。アクチュエータは，エネルギーを機械的な動きに変換する出力機器のことを言う。この章ではインタフェースと出力装置であるアクチュエータとその制御について解説する。

キーワード：インタフェース，AD 変換，DA 変換，PWM，シーケンス制御，フィードバック制御，フィードフォワード制御，電磁ソレノイド，モータ，油圧・空気圧アクチュエータ

7.1 インタフェース

IoT のシステムは，機械，電気，情報などの各種要素を統合し，システムが望ましい状態となるように制御することにより，効率良く高度な機能を実現することを目指している。ここでは，インタフェース回路とコンピュータと入出力間でデータを受渡しする際に行う AD 変換，DA 変換について解説する。

7.1.1 インタフェース回路

インタフェース（interface）は，技術分野に応じて異なる意味を持つ。本章では，**図 7.1** のようにセンサなどからの入力信号をコンピュータへ送ったり，コンピュータからの信号をアクチュエータやディスプレイに送ったりする働きを担う。人で言う神経に相当し，目や耳などからの信号を脳に送ったり，脳からの信号を手や足に送ったりするのと同じ役割である。

7.1.2 AD 変換

図 7.2 に入力とコンピュータ間のインタフェースを示す。コンピュータに入力できる信号は，**ディジタル信号**（0，1 または Low，High で表現されるディジタル電圧）である。ほかの機器との通信時に信号を受信する場合は，Wi-Fi や Bluetooth などを通じて電波として送られてきた通信相手からの信号を受信機で受信，ディジタル信号としてコンピュータに入力

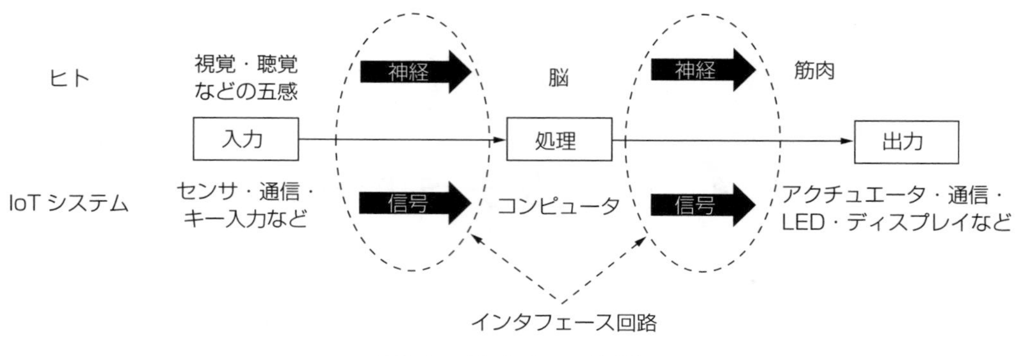

図 7.1　インタフェース回路

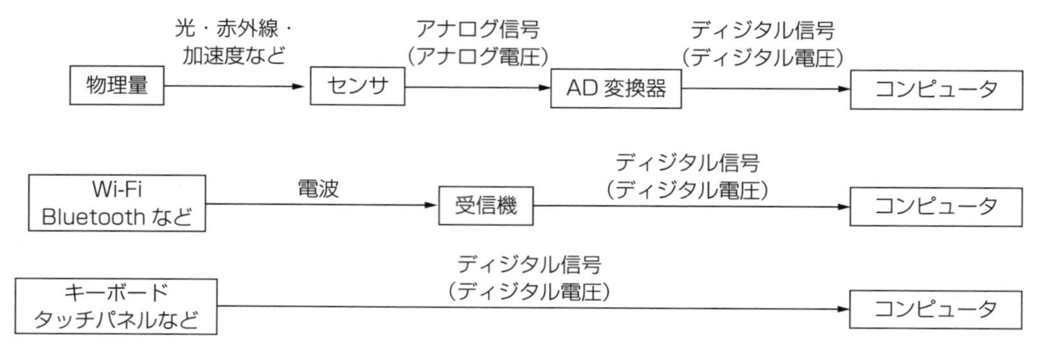

図 7.2　入力装置とコンピュータ間のインタフェース回路

される。キーボードやタッチパネルからの入力は，そのままディジタル信号としてコンピュータに入力される。

一方，センサの場合，センサからの出力信号は**アナログ信号**であり，そのままではコンピュータに入力できない。アナログ信号をディジタル信号に変換してからコンピュータに入力する必要がある。アナログ信号からディジタル信号に関することを **AD 変換**（analog-to-digital conversion）と言い，変換する装置のことを **AD 変換器**（analog-to-digital converter）と言う。

図 7.3 のような AD 変換器がある。ここで，電圧が 0〜3.3 V で変化する**アナログ量**を 4 bit の**ディジタル量**に変換することについて考えてみる。4 bit は 2 進数で 0000 から 1111 まで，10 進数で 0 から 15 まで表現できる。つまり，0〜3.3 V を 15 等分（3.3 V÷15=0.22 V）し，0000 に 0 V を割り当て，0001 に 0.22 V，0010 に 0.44 V というように 0.22 V 間隔で各ビットに電圧値を割り当てていくことでディジタル量に変換することができる。

では，アナログ量の 1.5 V をディジタル量に変換したらどうなるだろうか。この場合，ディジタル量の 0110（1.32 V）以上，0111（1.54 V）未満となり，0110（1.32 V）で表現される。その結果，本来の電圧値と 0.18 V の誤差が生じる。この誤差を量子化誤差と言う。量

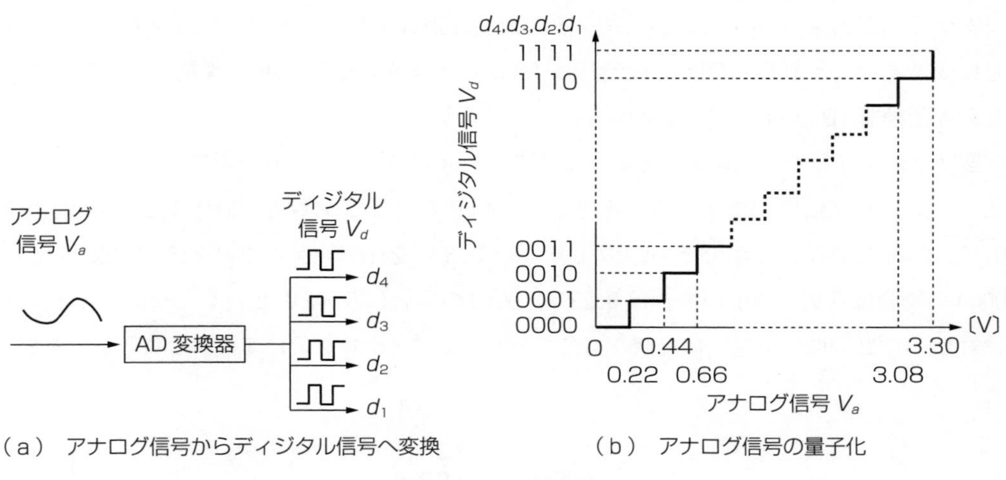

（a） アナログ信号からディジタル信号へ変換　（b） アナログ信号の量子化

図 7.3 AD 変換器

子化誤差を減らすためには，ディジタル量を表現するビット数を増やせば良い。例えば，8 bit で 1.5 V を表現すると 01110011（約 1.488 V）となり，量子化誤差は，約 0.012 V に減少する。

7.1.3 DA 変 換

図 7.4 にコンピュータと出力装置間のインタフェース回路を示す。コンピュータからの出力信号はディジタル信号である。ほかの機器との通信時に信号を送信する場合は，コンピュータからのディジタル信号を送信機で電波に変換し，Wi-Fi や Bluetooth などを通じて通信相手に送信される。ディスプレイの場合は，コンピュータからのディジタル信号をそのままディスプレイに出力される。

一方，出力がモータ（アクチュエータ）や LED などの場合，例えば，電圧でモータの速度制御をするときには，ディジタル信号をアナログ信号に変換し，駆動回路で増幅したアナ

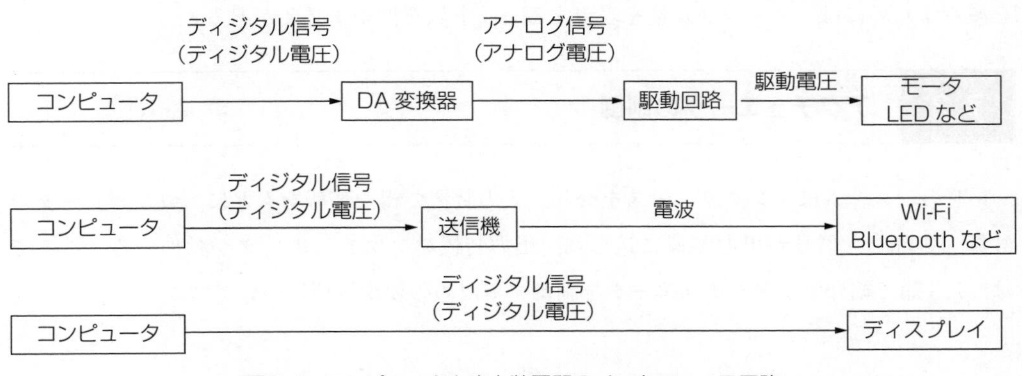

図 7.4 コンピュータと出力装置間のインタフェース回路

ログ信号（電圧）の大きさによってモータの速度を制御する。ディジタル信号をアナログ信号に変換することを**DA変換**（Digital-to-Analog conversion）と言い，変換する装置のことを**DA変換器**（Digital-to-Analog converter）と言う。

図7.5のようなDA変換器がある。ここで，4 bitのディジタル量を電圧が0〜3.3 Vで変化するアナログ量に変換する場合を考える。4 bitなので2進数の0000〜1111，10進数の0〜15を表現することができる。つまり，0〜3.3 Vを15等分（3.3 V÷15＝0.22 V）し，0000の場合は0 V，0001の場合は0.22 V，0010の場合は0.44 Vというように，各ビットに対し，0.22 V間隔で電圧値を割り当てていくことでアナログ量に変換することができる。

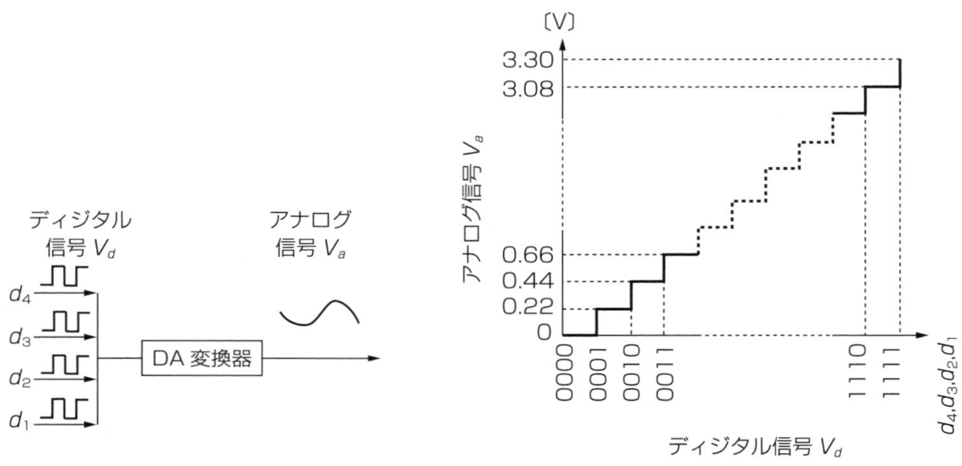

（a）ディジタル信号からアナログ信号へ変換　（b）ディジタル信号を階段状のアナログ信号に変換

図7.5　DA変換器

例えば，コンピュータの出力が0100だった場合，出力電圧は，0.22 V×4＝0.88 Vとなる。また，コンピュータの出力が0101だった場合，出力電圧は，0.22 V×5＝1.10 Vとなる。このように，DA変換で得られるアナログ量は階段状に変化する。階段状に変化する幅を減らすためには，ディジタル量を表現するビット数を増やす必要がある。

7.2 アクチュエータの制御

IoTのシステムはインタフェースを介し，入力装置で得た情報をもとに，コンピュータで計算，処理し，信号が出力装置に送られ，出力装置のアクチュエータが動作する。ここでは，7.3節で紹介するアクチュエータを制御するための要素技術について解説する。

7.2.1 PWM

直流（DC）モータの速度を変化させるわかりやすい方法はモータに印加する電圧を変えることである。速く回転させたいなら，直列につなぐ電池の数を増やし，印加する電圧を高くすれば良いし，遅く回転させたかったら電池の数を減らし，印加する電圧を低くすれば良い。では，電池の個数で表現できない電圧に調整したい場合はどうすれば良いだろうか。また，電源電圧が固定されており，ON と OFF しかできない場合，電圧を連続的に変化させるにはどうすれば良いであろうか。

このような場合，**図 7.6** のように，20 ms 程度の短い周期 T で ON と OFF を繰り返すことで，擬似的に中間量の電圧をつくることができる。その大きさは，ON の時間と OFF の時間の比で調整することができ，その比のことを**デューティ比**（duty ratio）と言う。このようにパルス波形を用いてモータの速度を制御する方式を **PWM**（Pulse Width Modulation, **パルス幅変調**）と呼ぶ。PWM はモータの回転制御だけでなく，サーボモータの制御信号としても使用されている。

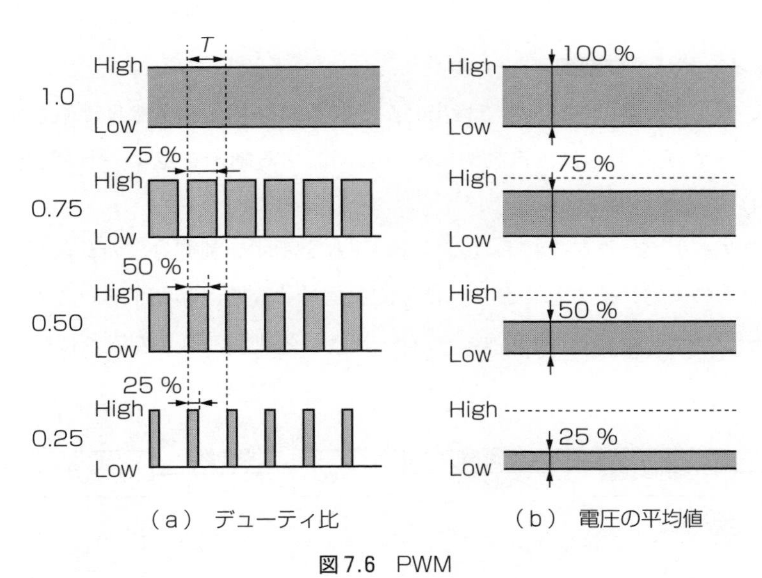

図 7.6　PWM

7.2.2 シーケンス制御

例えば，十字路の交通信号機は，青，黄，赤，反対の信号機が赤になるまで待機，青，…といったように，あらかじめ定められた順序にしたがって変化する。このように，あらかじめ定められた順序に従って各段階を逐次進めていく制御を**シーケンス制御**（sequential control）と言う。

シーケンス制御の処理の流れを**図 7.7** に示す。命令処理部は人間の頭脳に対応するところ

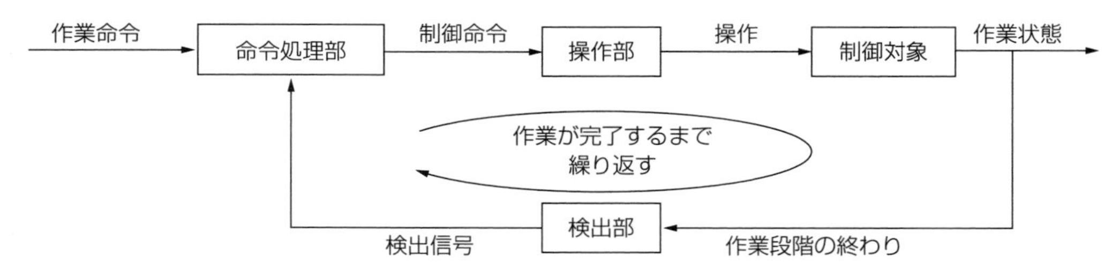

図 7.7　シーケンス制御における処理の流れ

である。作業命令が送られてくると，命令処理部は作業命令の内容や後述する検出部からの情報を分析し，操作部へ制御命令を送る。操作部は人間の手足に対応するところで，制御命令を受けて制御対象を操作する。検出部は人間の目や耳に対応するところで，制御対象の状態変化の有無を検出し，それを命令処理部に送る。なお，検出する状態の変化は段階の終わりを検出するものであって，連続的に状態変化を検出するものではない。以上を作業が完了するまで繰り返す。

7.2.3　フィードバック制御

制御したい量（**制御量**）をセンサで検出し，それをコンピュータで目標値と比較し，制御量が目標値に一致するように，自動的に繰返し調節する制御を**フィードバック制御**（feedback control）と言う。

図 7.8 にフィードバック制御における信号の流れを示す。制御対象のシステムの出力結果が再びシステムの入力に戻されており，循環的な信号の経路が存在する。このような信号の流れを**閉ループ**（closed-loop）と言う。フィードバック制御の信号の流れは必ず閉ループとなる。

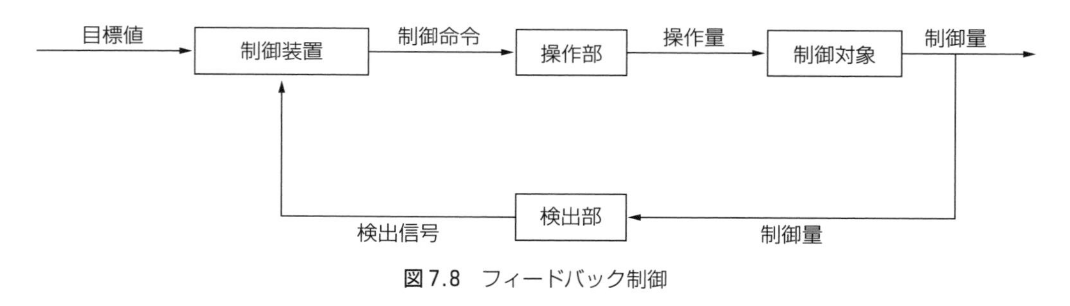

図 7.8　フィードバック制御

フィードバック制御は，さまざまな分野で適用され，いまでは必要不可欠な技術である。しかし，フィードバック制御は本質的に“反応型”であり，ことが生じてから対応し始めるため，後述するフィードフォワード制御に比べ，即応性に劣る。

フィードバック制御の代表的な応用例として，モータの速度や角度を制御するサーボ機構

(7.3.6 項参照) や，さまざまなシステムの制御に用いられている **PID 制御** (Proportional-Integral-Derivative control) がある。PID 制御の P は proportional (比例)，I は integral (積分)，D は differential (微分) であり，比例，微分，積分の三つの演算を組み合わせたフィードバック制御系である。それぞれの演算には長所や短所があり，それらを上手く組み合わせることで，即応性に優れ，安定した制御を実現することができる。PID 制御の詳細については専門書を参考にされたい。

7.2.4 フィードフォワード制御

もし，対象とするシステムの動的な特徴が完全にわかっている場合には，**図 7.9** のように，あらかじめ決められた入力をシステムに加え，即応性を改善することができる。これを**フィードフォワード制御** (feedforward control) と言う。フィードバック制御と異なり，システムの出力結果をシステムの入力に戻さない。このような信号の流れを**開ループ** (open-loop) と言う。

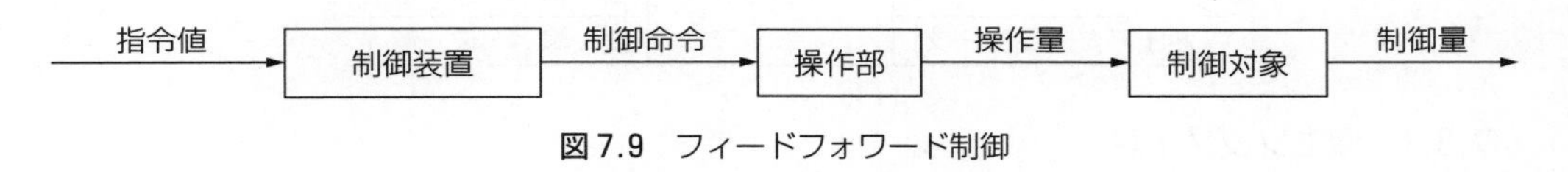

図 7.9 フィードフォワード制御

フィードフォワード制御はシステムの現在の出力を考慮せず入力を決定するため，予期せぬ外乱や対象システムの変動に弱いという欠点がある。

7.3 アクチュエータの種類

エネルギーを機械的な動きに変換する出力機器を**アクチュエータ** (actuator) と言う。センサが物理量から電気信号への変換器であるとすれば，アタチュエータは電気，圧力，熱などのエネルギーから機械的な運動エネルギーへの変換器と言える。駆動エネルギーには，電気エネルギーを利用したものが多いが，油圧，空気圧という流体の持つエネルギーも使われる。また，動作形態としては，回転運動や直線運動がある。例えば，モータ (電動機) は「電気エネルギーを受けて機械的な運動エネルギーを発生する回転装置」であり，動作方式によって直流モータ，交流モータ，ステッピングモータ，サーボモータの 4 種類に大別される。

一般的に，アクチュエータに求められる条件は

① 軽量であること。

② 目的に合わせた大きさであること。

③　エネルギー変換効率が高く，省エネルギーであること。

④　目的に合わせた力・トルクが発生できること。

⑤　即応性，精度が優れていること。

⑥　メンテナンスしやすく，故障しにくいこと。

⑦　コストパフォーマンスが良いこと。

などがあげられる。**表 7.1** に代表的なアクチュエータの例を示す。

表 7.1　アクチュエータの分類

アクチュエータの種類	駆動エネルギー	運　動	制　御
電磁ソレノイド	電　気	直　線	ON / OFF
直流モータ		回　転	回転速度
交流モータ		回　転	回転速度
ステッピングモータ		回　転	角　度
サーボモータ		回　転	角　度
空気圧アクチュエータ	圧　力	直　線	位　置
		回　転	速　度
油圧アクチュエータ		直　線	位　置

7.3.1　電磁ソレノイド

鉄心に巻いたコイルに電流を流して励磁し，その磁力を利用して可動鉄片を移動させるアクチュエータを**電磁ソレノイド**（electromagnetic solenoid）と言う。

電磁ソレノイドは，動作速度は早いが，出力，移動距離が小さい。これを利用して弁を開閉するバルブを電磁弁（solenoid valve）と言い，水道の給水弁などに使用されている。その原理を**図 7.10** に示す。図（a）のように，コイルが消磁しているとき（OFF のとき）は弁が開いて，流体が入口から出口へ流れる。図（b）のように，コイルが励磁しているとき（ON）は弁が閉じて，流体が流れない。

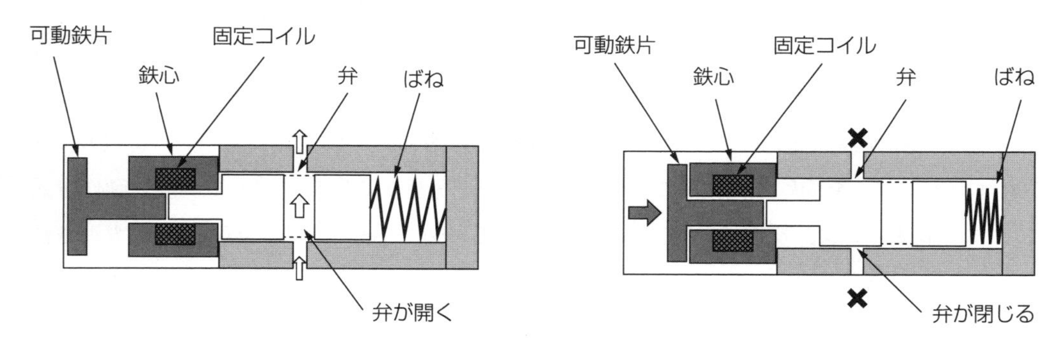

（a）　消磁（OFF）状態　　（b）　励磁（ON）状態

図 7.10　電磁ソレノイドを用いた電磁弁

7.3.2 空気圧アクチュエータ，油圧アクチュエータ

動力の伝達に，媒体として流体を使用するアクチュエータがある。これには，圧縮空気を使用する空気圧シリンダや空気圧モータ，油を使用する油圧シリンダや油圧モータなどがある。

空気圧アクチュエータ (pneumatic actuator) は，軽量に，安価に実現できるため，産業用機械，輸送機械などの自動化生産機械の中で多く用いられている。身近なところでは，電車やバスのドアの開閉に用いられている，また，歯科医院で用いられている医療器具 (歯を削る道具) にも空気アクチュエータの一種が用いられている。

図 7.11 に空気圧アクチュエータの一種である複動シリンダの動作原理を示す。複動とは動作の形式の一つで，往復行程を圧縮空気の力で行う。ピストンロッドを右に移動させるにはポート A から圧縮空気を送り込み，ポート B から排出する。ピストンロッドを左に移動させるには，逆の操作を行う。

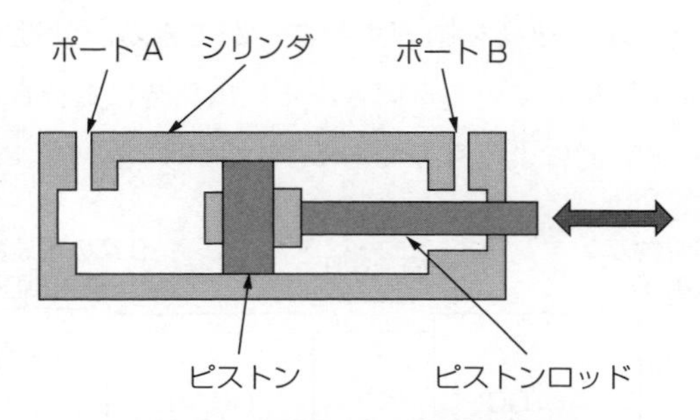

図 7.11 複動シリンダの動作原理

油圧アクチュエータ (hydraulic actuator) は，非常に大きな出力を得ることができ，工場などで用いられる産業用機械や加工機械，成形機械，アミューズメントパークで利用される大型の遊具，建設現場における建設機械，航空機や船舶などさまざまな分野で用いられている。

7.3.3 直流モータ

直流モータ (direct-current moter) は，直流 (DC) 電源をエネルギー源とするモータで，家電製品や自動車など私たちの身近に多く存在するモータである。**図 7.12** に模型に使われる一般的な直流モータの外観を示す。

図 7.12 模型用直流モータ

一般的に直流モータは大きな起動トルクや印加電圧に対するリニアな回転特性，出力効率の高さ，低価格など制御用のモータとして優れた特性を持っている。しかし，ブラ

シや整流子などの機械的な接点があり，整流時のスパークや騒音，短寿命などの欠点もある。それらの欠点を解消したものがブラシレスモータであり，コイルに流す電流の切換を電子回路で行い，機械的接触部分をなくした構造となっている。ブラシレスモータは機械的な接点がないため，音が静かで寿命が長く，高速回転に適しており，ハードディスクドライブやDVDドライブなどのスピンドルモータ，冷却ファンのファンモータなどに使用されている。

7.3.4 交流モータ

交流モータ（alternating-current moter）は，交流（AC）電源をエネルギー源とするモータであり，整流子形のものと回転磁界形のものがある。また，交流電源には，工場などで使われる三相交流と一般家庭で使われる単相交流があり，電源周波数を変化させることで，モータの回転速度を制御する。**図7.13**のように，任意の電源周波数をつくり出すインバータ制御を用いて，交流モータの速度を制御することができる。最近では，鉄道車両に交流モータとインバータ制御を採用している車両もある。出発時に走行音が音階で変わって聞こえるのは，このインバータ装置によるものである。

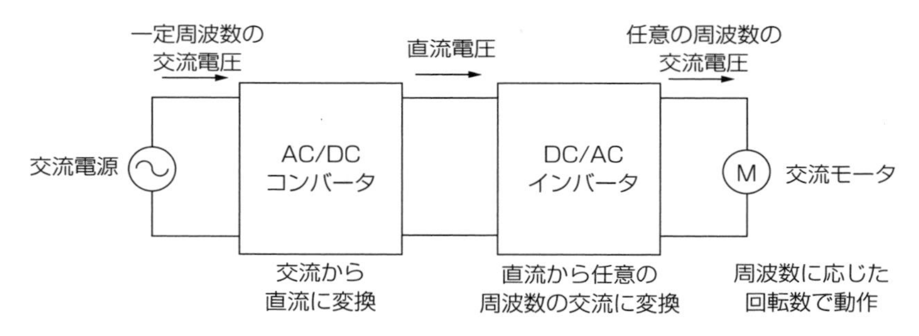

図7.13　インバータ制御による交流モータの速度制御

7.3.5 ステッピングモータ

ステッピングモータ（stepping motor，stepper motor）はパルス状に励磁電流を順次切り替えていくことで，回転子を回転させていくモータである。パルス数で回転角度を，また，パルスの周波数で回転角速度を制御できるため，フィードバックを用いない開ループ制御で簡単に駆動できることが特長である。また，回転していなくても軸の位置を保持する力がある，正転・逆転の容易である，回転速度とパルス周波数に比例の関係があるなど，扱いやすい特徴がある。**図7.14**にギアヘッド付きステッピングモータを示す。ギアヘッドは，経の違うギアを組み合わせ，モータの回転速度を変える変速機のことであり，回転速度の変更やトルクの増幅に使用される。

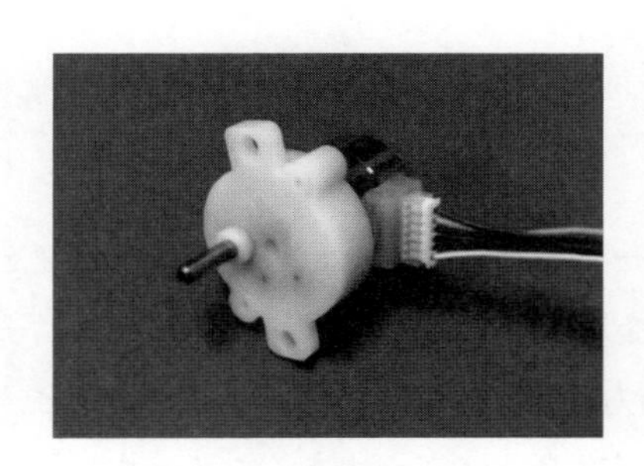

図 7.14　ギアヘッド付き ステッピングモータ

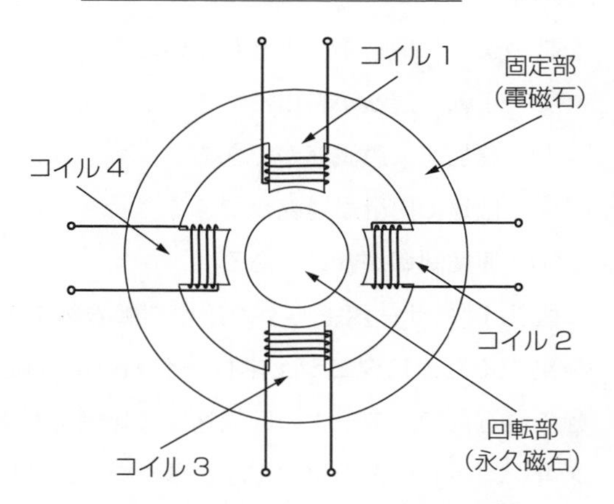

図 7.15　PM 型ステッピングモータの構造

ステッピングモータは VR（可変リアクタンス）型，PM（永久磁石）型，HB（ハイブリッド）型の 3 種類がある。PM 型と HB 型は回転子に永久磁石を使っているため，非通電時でも回転子の位置を保持できることが利点の一つである。

図 7.15 に，PM 型の構造を示す。中央の回転部が永久磁石，外側の固定部が複数のコイルで構成される。PM 形のステッピングモータはつぎのように動作する。

① 固定部の 2 番コイルを励磁する。

② 回転部の永久磁石は，2 番のコイルの磁気による吸引力によって，右回りに 90 度回転する。

③ 固定部の 2 番コイルを消磁し，3 番コイルを励磁する。

④ ② と同様に 90 度回転する。

⑤ 同様にして，4 番 →1 番 →2 番というようにコイルを順に励磁すると，回転部は 90 度ずつ回転する。

コイルの励磁の順を逆にすると，回転部の回転も逆になる。また，固定部のコイルの数と回転部の永久磁石の極数を変えると，ステップ角を変えることができる。

7.3.6　サーボモータ

モータとサーボ機構を組み合わせたアクチュエータを**サーボモータ**（servo motor）と言う。**図 7.16** にロボット用サーボモータを示す。

図 7.16　ロボット用サーボモータ

サーボ機構（servo mechanism）とは，物体の位置・方位・姿勢などを制御量とし，その制御量を目標値に自動で追従するようさせる機構のこと言う。サーボモータは，一般のモータと原理的には同じであるが，つぎのような特性を持つように構造が工夫されている。

① 正転，逆転が自由にできる。

② 急加速，急減速ができる。

③ 低速で円滑な運転ができる。

④ 速度制御が容易である。

図 7.17 にサーボモータの速度制御の例を示す。モータの速度制御を行う場合は，速度を検出するために**タコジェネレータ** (tachogenerator) を取り付ける。タコジェネレータは一種の発電機で，モータの回転速度に比例した電圧を出力する。モータの回転速度が低いと，タコジェネレータの出力電圧が低くなり，基準部の設定電圧との差が大きくなる。すると，モータに印加される電圧が高くなるので回転速度が高くなる。このように，基準部の設定電圧と直流タコジェネレータの出力電圧が等しくなるように制御されることにより，モータは等速度で回転する。また，基準部の設定電圧を変えて，速度を変化させることができる。

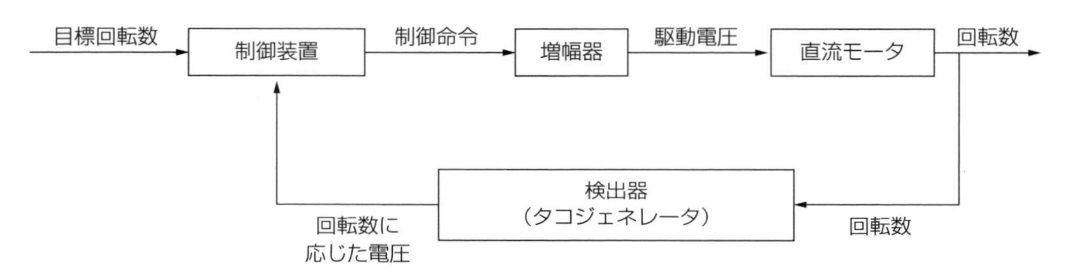

図 7.17　サーボモータの速度制御

また，サーボモータの回転角度を検出するには，図 7.17 の検出器のタコジェネレータのかわりに，回転角度に比例してパルス信号を出力する**ロータリエンコーダ** (rotary encoder) を使用する。ロータリエンコーダは，検出方式によって，光学式と磁気式に分類される。**図 7.18** に光学式の原理の構造と出力パルス信号例を示す。LED の光がスリット板を通過して

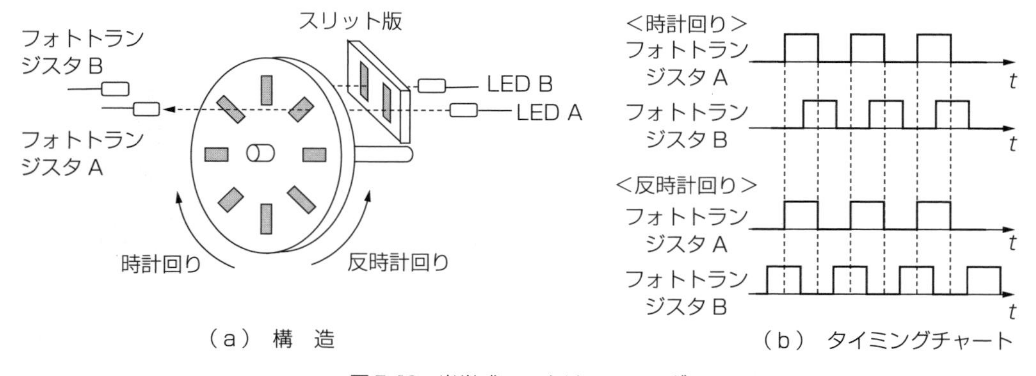

図 7.18　光学式ロータリエンコーダ

フォトトラシジスタに入力される。フォトトランジスタ A，B の ON，OFF に対応して，パルス信号がつくられるので，スリットの数だけパルス信号が出力される。パルスの数をカウントすることで回転角度を検出できる。また，時計回りと反時計回りでは，パルス信号の重なり方が異なる。その違いから回転方向を検出することができる。制御装置がロータリエンコーダからのパルス信号を処理し，軸の回転角度，回転方向を制御する。

章　末　問　題

【7.1】 0〜5.0 V のアナログ量を 4 bit のディジタル量に変換する AD 変換器がある。いま，アナログ量が 2.4 V であるとき，変換後のディジタル量を答えなさい。また，その際の少子化誤差を求めなさい。

【7.2】 8 bit のディジタル量を 0〜5.0 V のアナログ量に変換する DA 変換器がある。いま，ディジタル量が 10101010 であるとき，変換後のアナログ量を答えなさい。

【7.3】 5 V の直流電源を PWM で疑似的に 3.6 V の電圧を取り出したい。デューティ比と周期 T を 20 ms とした場合の High (5 V) の時間を答えなさい。

【7.4】 IoT システムにおいて，アクチュエータに求められる条件を答えよ。

【7.5】 ドローンの高度および位置制御を行いたい。ドローンに搭載されている各種センサを用いて自動で制御する場合，操縦者が目視しながらコントローラを用いて手動で制御する場合において，ドローン本体はフィードフォワード制御とフィードバック制御のどちらで制御すれば良いか，その理由とともに答えなさい。

8. 物理モデル

本章では，5章のように観測データに対して統計的にモデリングするのではなく，物理の動作原理に注目して，現実世界の動的な振舞いをモデリングする手法について解説する。また，物理システムの例として簡単な電気回路と機械振動系を1次遅れ系，2次振動系の代表としてとりあげる。これらをサイバー空間で取り扱うためのモデルとしてまず**微分方程式**を紹介し，これが**伝達関数モデル**，**周波数伝達関数モデル**，**状態空間モデル**などに変換できることを示しながら各モデルの特徴を説明する。さらに，実装のために必要不可欠なモデルの**離散化**とシミュレーション手法について述べ，実装にあたって遭遇する**非線形性**や**伝達遅延**問題について説明する。

キーワード：微分方程式モデル，伝達関数モデル，周波数伝達関数モデル，状態空間モデル，ステップ応答，制御系設計，物理モデル，シミュレーション，制御工学

8.1 物理モデルの微分方程式モデル

物理空間のシステムは単純な単位要素が複数個集合した有機体と考えることができる。そして，システム全体の振舞いは個々の要素の物理法則を数学的に表現し，その組合せとして導くことができると考えられる（**第一原理**：first principles）。ここでは簡単な電気回路と機械振動系を例にこの考え方に基づいて微分方程式モデルを導出する方法を示す。

8.1.1 電気回路の微分方程式モデル

抵抗，コンデンサ，電圧源で構成される**図 8.1** の RC 電気回路において，スイッチを閉じたあとのコンデンサの両端の電圧 $v_c(t)$〔V〕をシミュレートするための微分方程式モデルは

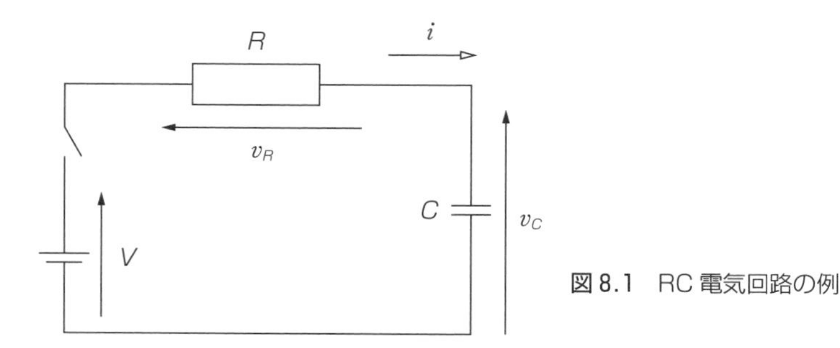

図 8.1　RC 電気回路の例

以下の三つの手順に沿って導出できる。

（1）　関与する物理量を列挙し，モデリングの目的に基づいてパラメータ，変数等に分類する。この場合，電気回路の知識に基づいて関与する物理量を列挙し表にまとめると**表 8.1** を得る。厳密には温度や気圧も関係するかもしれないが，ここでは各素子の電圧と電流のみに着目し，それ以外の物理量は無視する。

表 8.1　RC 電気回路に関与する物理量

物理量	記　号	単　位	分　類
抵　抗	R	Ω（オーム）	定　数
コンデンサの容量	C	F（ファラッド）	定　数
直流電源電圧	V	V（ボルト）	定　数
回路電流	i	A（アンペア）	変　数
抵抗 R の両端の電圧	v_R	V（ボルト）	変　数
コンデンサの電圧	v_C	V（ボルト）	変数・出力
コンデンサの電荷	q	C（クーロン）	変　数

（2）　各物理量に対応する記号を定義し，その関係を数式で表現する。表 8.1 で列挙した各変数の関係を電気回路の知識をもとに列挙する[1)]。

（ア）　$\dot{q}(t)=i(t)$　　電荷の変化速度が電流（電流の定義）

（イ）　$v_R(t)=Ri(t)$　　オームの法則（物理法則）

（ウ）　$C\dot{v}_C(t)=i(t)$　　コンデンサの動作原理（物理法則）

（エ）　$v_C(t)+v_R(t)=V$　キルヒホッフの電圧則（物理則法則）

（3）　解析・設計に使用しやすい形式に数学の文法に従って整理・変換する。つまり，（イ）（ウ）（エ）から i, v_R を消去してまとめると以下の 1 階の微分方程式を得る。（ア）はこのモデルの導出には必要ではなかったことがわかる。

$$RC\dot{v}_C(t)+v_C(t)=V \tag{8.1}$$

これが図 8.1 の電気回路の微分方程式モデル（differential equation model）である。

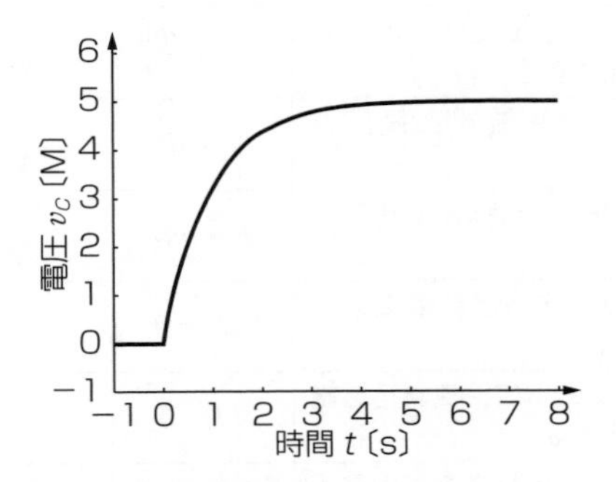

図 8.2　RC 電気回路のシミュレーション結果（R=1，C=1，V=5）

図 8.2 は $R=1\,\Omega$, $C=1\,\mathrm{F}$, $V=5\,\mathrm{V}$ の場合のこの微分方程式の解である。このあと解法や特徴の読み方について述べる。

8.1.2　機械振動系の微分方程式モデル

図 8.3 はばね，質量，ダンパからなる典型的な機械振動系の例である。

表 8.2，**表 8.3** はこの物理系に関与する物理量，物理法則をまとめた表である。これらの物理量の間には以下の関係がある。各式の詳細については物理学のテキストを参照していただきたい[2)]。

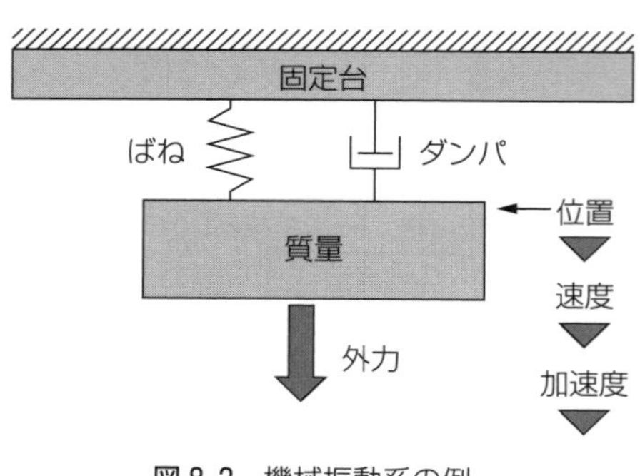

図 8.3　機械振動系の例
（ばね・質量・ダンパ系）

表 8.2　機械振動系に関わる物理量

物理量	記　号	単　位	分　類
おもりの位置	y	m	変数（出力）
おもりの速度	v	m/s	変　数
おもりの加速度	α	m/s²	変　数
おもりの質量	M	kg	定　数
ダンパの粘性摩擦係数	D	Ns/m	定　数
ばねの弾性係数	K	N/m	定　数
重力加速度	g	m/s²	物理定数
外　力	f	N	変数（入力）
時　間	t	s	変　数

表 8.3　よく使用される物理法則

文章表現	数式 1	数式 2	定義/物理法則
速度 $v(t)$〔m/s〕とは位置 $p(t)$〔m〕の時間 t〔s〕に関する導関数	$\frac{dp}{dt}=v$	$p=\int vdt$	定　義
加速度 $a(t)$〔m/s²〕とは速度 $v(t)$〔m〕の時間 t〔s〕に関する導関数	$\frac{dv}{dt}=a$	$v=\int adt$	定　義
電流 $i(t)$〔A〕とは電荷 $q(t)$〔C〕の時間 t〔s〕に関する導関数	$\frac{dq}{dt}=i$	$q=\int idt$	定　義
密度 ρ〔kg/m³〕とは質量 m〔kg〕を体積 V〔m³〕で割った量	$\rho=\frac{m}{V}$	$m=\rho V$	定　義
コイルを貫く磁界 Φ〔Wb〕に変化があると誘導起電力 V〔V〕が発生する	$V=-\frac{d\Phi}{dt}$		ファラデーの電磁誘導の法則
抵抗 R〔Ω〕に電流 I〔A〕を流すと電圧 V〔V〕だけ電圧降下する	$V=IR$		オームの法則
加速度 α〔m/s²〕は質量 m〔kg〕に反比例し力 F〔N〕に比例する。	$F=m\alpha$		ニュートンの運動の法則
慣性力 $-m\alpha$〔N〕を仮定すると質量に対する力の総和は 0 である。	$\Sigma F_i=0$		ダランベールの原理
電気回路の任意の節点において，流れ込む電流 I_i〔A〕の総和は 0 である。	$\Sigma I_i=0$		キルヒホッフの電流則
電気回路の任意の閉路に沿った各素子の電圧 V_i〔V〕の総和は 0 である。	$\Sigma V_i=0$		キルヒホッフの電圧則

（ア）　$\dot{y}(t)=v(t)$　　速度の定義（定義）

（イ）　$\dot{v}(t)=\alpha(t)$　　加速度の定義（定義）

（ウ）　$f_M(t)=M\alpha(t)$　　慣性力の定義（定義）

（エ）　$f_D(t)=Dv(t)$　　粘性摩擦の特性（実験式）

（オ）　$f_K(t)=Ky(t)$　　フックの法則（物理則）

（カ）　$f_M(t)+f_D(t)+f_K(t)=f(t)$　　力の平衡条件（物理則）

ここから y,f 以外の変数を数学的手法で消去すると以下の2階の微分方程式を得る。

$$M\ddot{y}(t)+D\dot{y}(t)+Ky(t)=f(t) \tag{8.2}$$

これが機械振動系の微分方程式モデルである。

図8.4 は $M=1$ kg，$D=0.5$ Ns/m，$K=5$ N/m，$f=5$ N の場合のこの微分方程式の解である。このあとの章で解法や特徴の読み方について述べる。

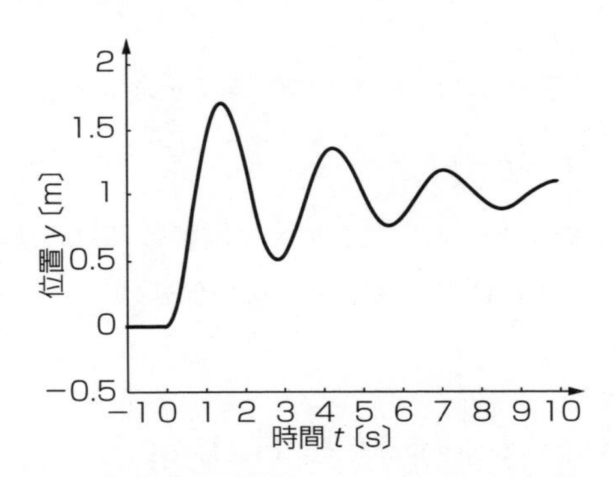

図8.4　機械振動系のシミュレーション結果（$M=1$，$D=0.5$，$K=5$，$f(t)=5$）

8.1.3　一般的な物理システムの微分方程式モデル

上記の例で得られたモデルはいずれも個々の単位要素を**図8.5**のような入出力信号の因果関係とみなし，これらを組み合わせて因果関係のネットワークとして全体の入出力関係を導出していることに注意されたい。ここで，コンデンサや質量，ダンパのように入出力関係が時間に関する微分や積分で記述される要素は**動的要素**（dynamical elements）と呼ばれる。一般に n 個の動的要素を含むシステムの微分方程式モデルは n 階となる。したがって，システムが複雑になると微分方程式の階数は比例して大きくなる。

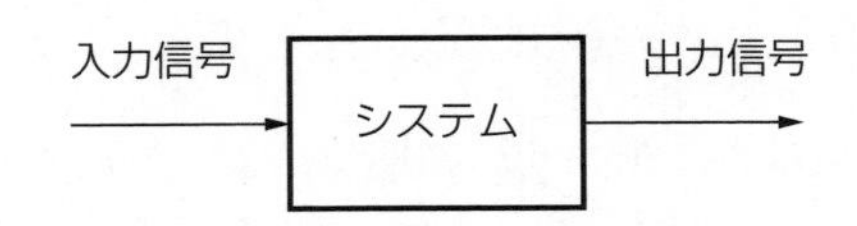

図8.5　入出力信号の関係としてのシステム

また，第1原理に基づくモデリングは対象とするシステムが表8.3に示すような既知の物理法則の組合せで説明できる場合には有効である。しかし，システムの一部あるいは全体が既知の物理法則で説明困難な場合には実験データに基づく**同定モデル**（identification model）を適用する方法が用いられる。

8.2　微分方程式を伝達関数に変換する

微分方程式を使ってシステムの解析や制御アルゴリズムを設計するには種々の数学的知識が必要であり，初学者にとっては困難を伴う。制御工学では微分方程式を**伝達関数**（transfer function）に変換することによりこの問題を回避し，四則演算程度の数学的手法でシステムの解析や設計ができる手法を体系化している。この手法の体系は信号のラプラス変換の定義から始まる。

時間関数 $f(t)$ のラプラス変換 $F(s)$ を以下の数式で定義する。

$$\mathcal{L}: f(t) \rightarrow F(s) = \int_0^{\infty} f(t) e^{-st} dt \tag{8.3}$$

ここで t が時間を表す実数であるのに対して s は周波数に対応する複素変数である。この定義に従うとスイッチ ON/OFF によるステップ状の信号は

$$V(t) = \frac{1}{s} V \tag{8.4}$$

と書けることは簡単な計算でわかる（章末問題【8.1】参照）。

また，$f(t)$ の1階導関数 $\dot{f}(t) = df(t)/dt$ や2階導関数 $\ddot{f}(t) = d^2 f(t)/dt^2$ のラプラス変換の公式が導かれる。

$$\mathcal{L}: \dot{f}(t) \rightarrow sF(s) - f(0) \tag{8.5}$$

$$\mathcal{L}: \ddot{f}(t) \rightarrow s^2 F(s) - sf(0) - \dot{f}(0) \tag{8.6}$$

これらの公式を用いると微分方程式モデルもつぎのようにラプラス変換することができる。図8.1の電気回路の微分方程式モデル (8.1) の場合には，コンデンサの電圧のラプラス変換を $V_c(s)$ とおいてラプラス変換 (8.5) を適用すると以下の関係が得られる。

$$RC(sV_c(s) - v_c(0)) + V_c(s) = V(s) \tag{8.7}$$

これを $V_c(s)$ について解くと

$$V_c(s) = \frac{RC}{RCs+1} v_c(0) + \frac{1}{RCs+1} V(s) \tag{8.8}$$

を得る。ここで，右辺第1項はコンデンサの初期値によって決まる初期値応答，第2項は入力電圧 $V(s)$ による強制応答に対応している。したがって，入力信号 $V(s)$ の係数部分

$$G(s)=\frac{1}{RCs+1} \tag{8.9}$$

がシステムの伝達関数である。

一般にこの伝達関数は**1次遅れ系**（first order system）と呼ばれる。$T=RC$，$K=1$ と置き換えると

$$G(s)=\frac{K}{1+Ts} \tag{8.10}$$

となる。ここで，T は**時定数**（time constant），K は**定常ゲイン**（steady gain）と呼ばれる。図8.2では $T=1.0$ s，$K=5.0$ ということになる。

図8.3の機械振動系について同様のラプラス変換を行うと伝達関数モデル

$$G(s)=\frac{1}{Ms^2+Ds+K} \tag{8.11}$$

を得る。ここで，分母多項式 $=0$ の方程式

$$Ms^2+Ds+K=0 \tag{8.12}$$

を特性方程式，その根をシステムの**極**（pole）と呼ぶ。極はシステムの安定性や振動特性などシステムの振舞いの特徴をよく表している。特に $D^2-4MK<0$ の場合には**自然角周波数**（natural frequency）$\omega_n=\sqrt{K/M}$ と**ダンピング係数**（damping coefficient）$\zeta=D/(2\sqrt{KM})$ を用いると不等式条件は $|\zeta|<1$ となり，特性方程式

$$s^2+2\zeta\omega_n s+\omega_n^2=0 \tag{8.13}$$

の根は1対の共役複素数

$$p,\bar{p}=-\omega_n\left(\zeta\pm j\sqrt{1-\zeta^2}\right) \tag{8.14}$$

となる。ただし $j=\sqrt{-1}$ は虚数単位である。さらに，$\zeta=\cos(\theta)$ となるように θ を定義すると極は

$$p,\bar{p}=-\omega_n(\cos(\theta)\pm j\sin(\theta))=-\omega_n e^{\pm j\theta} \tag{8.15}$$

となり，**図8.6**のように極 $(p,\bar{p})$ は複素平面上に，原点から距離 ω_n，実軸の負の向きとなす角が $\pm\theta$ の位置に分布することがわかる。

一般に以下のようにダンピング係数 ζ，自然角周波数 ω_n，ゲイン k の3パラメータによって表現した伝達関数モデルのシステムを標準2次系と呼び，特に $|\zeta|<1$ の場合2次振動系と呼ぶ。

$$G(s)=\frac{k\omega_n^2}{s^2+2\zeta\omega_n s+\omega_n^2} \tag{8.16}$$

図8.4は $\zeta=0.112$，$\omega_n=2.24$〔rad/s〕の場合のステップ応答波形である。この3パラメータと

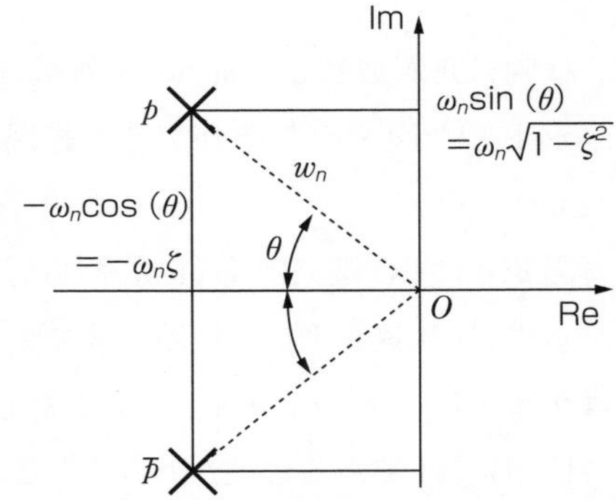

図8.6 .2次振動系の極の複素平面上の分布

ステップ応答波形の図形的特徴との関連は重要である。

伝達関数の詳細については制御工学やモデリングに関する書籍を参照されたい[3)]。

8.3　周波数伝達関数モデルに変換してシステムを読む

前節で導いた伝達関数 $G(s)$ の複素変数 s を $j\omega$ に置き換えて得られるモデル $G(j\omega)$ は**周波数伝達関数**（frequency transfer function）**モデル**と呼ばれる。$G(j\omega)$ は複素数なのでその極座標表現は

$$G(j\omega)=A(\omega)e^{j\phi(\omega)},\quad A(\omega)>0 \tag{8.17}$$

となる。ここで，$A(\omega)$ はシステムの**ゲイン**（gain），$\phi(\omega)$〔deg〕はシステムの**位相**（phase）と呼ばれる。周波数伝達関数の意味するところは，このシステムに振幅 1 の正弦波 $u(t)=\sin(\omega t)$ を印加したときの出力が

$$y(t)=A(\omega)\sin(\omega t+\phi(\omega)) \tag{8.18}$$

となるということである。$\phi(\omega)>0$ のとき位相が進む（lead），$\phi(\omega)<0$ のとき位相が遅れる（lag）と表現する（**図 8.7**）。

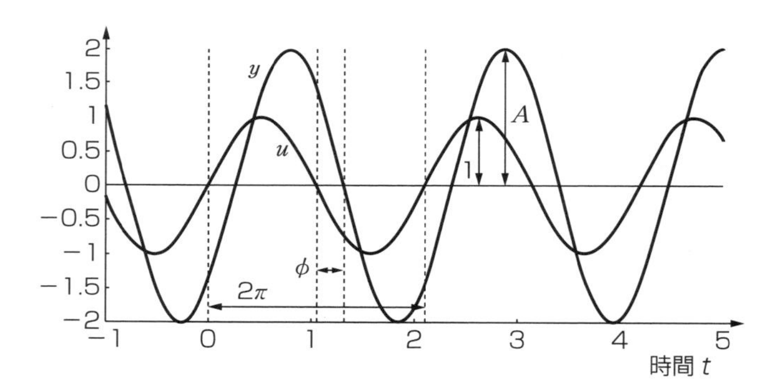

図 8.7　周波数応答のゲインと位相の定義

横軸に角周波数 ω〔rad/s〕を対数目盛で取り，点 $(\omega, 20\log_{10}A(\omega))$，点 $(\omega, \phi(\omega))$ をプロットした図をそれぞれゲイン線図，位相線図，両者の組合せを**ボード線図**（Bode diagram）と呼ぶ。

図 8.8 に RC 電気回路（1 次遅れ系）**図 8.9** に機械振動系（2 次振動系）のボード線図の例を示す。1 次遅れ系は，低周波域でゲインが一定値 k，位相遅れは 0 度であり，高周波域ではゲインは −20〔dB/dec〕で ω に対して減少（周波数 ω に反比例），位相は −90 度（90 度の位相遅れ）であることがわかる。この高周波域と低周波域の境界となる周波数 ω_c は**カットオフ周波数**（cutoff frequency）と呼ばれる。

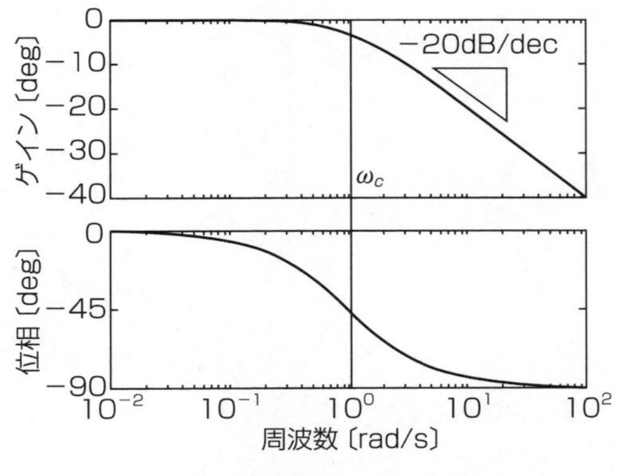

図 8.8 RC 電気回路のボード線図の例
(R=1, C=1)

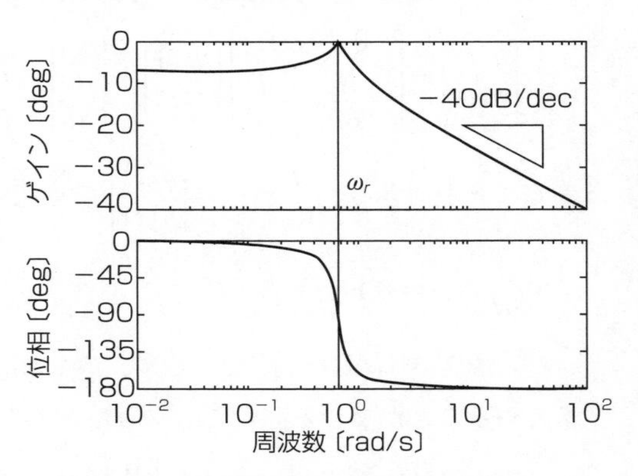

図 8.9 機械振動系のボード線図の例
(M=1, D=0.5, K=5)

2 次振動系においては，低周波域でゲインが一定値 k，位相遅れは 0 度であり，高周波域ではゲインが −40〔dB/dec〕(周波数 ω^2 に反比例する) で減少し，位相は −180 度 (180 度の位相遅れ，位相反転) まで遅れることがわかる。高周波域と低周波域の境界付近ではゲインが大きくなる共振現象が見られる。このピーク周波数 ω_r は**共振周波数** (resonance frequency) と呼ばれる。

8.4 微分方程式を状態空間モデルに変換する

状態空間モデル (state space model) を用いると現代制御理論のさまざまな知見や手法を解析や設計に活用することができる。1 次遅れ系 (8.1) の場合には $\dot{v}_C(t)$ について解いた式が状態方程式である。

$$\dot{v}_C(t) = -\frac{1}{RC}v_C(t) + \frac{1}{RC}V \tag{8.19}$$

2 次振動系の状態空間モデルを導出する場合には，**状態変数ベクトル** (state variable vector) $\boldsymbol{x}(t)$ を以下のように定義する。

$$\boldsymbol{x}(t) = \begin{bmatrix} y(t) \\ \dot{y}(t) \end{bmatrix} \tag{8.20}$$

式 (8.2) を $\ddot{y}(t) = \dfrac{d^2y}{dt^2}$ について解くと

$$\ddot{y}(t) = -\frac{K}{M}y(t) - \frac{D}{M}\dot{y}(t) + \frac{1}{M}f(t) \tag{8.21}$$

となるが，さらに状態変数ベクトル式 (8.20) と行列の演算表記規則を用いると

$$\begin{bmatrix}\dot{y}(t)\\ \ddot{y}(t)\end{bmatrix}=\begin{bmatrix}0 & 1\\ -\frac{K}{M} & -\frac{D}{M}\end{bmatrix}\begin{bmatrix}y(t)\\ \dot{y}(t)\end{bmatrix}+\begin{bmatrix}0\\ \frac{1}{M}\end{bmatrix}f(t) \tag{8.22}$$

と書くことができる。$\frac{d}{dt}x(t)=\begin{bmatrix}\dot{y}(t)\\ \ddot{y}(t)\end{bmatrix}$ に注意すると，これは

$$\frac{d}{dt}x(t)=Ax(t)+Bf(t) \tag{8.23}$$

$$y(t)=Cx(t) \tag{8.24}$$

とまとめることができる。ただし A,B,C は以下の行列である。

$$A=\begin{bmatrix}0 & 1\\ -\frac{K}{M} & -\frac{D}{M}\end{bmatrix},\qquad B=\begin{bmatrix}0\\ \frac{1}{M}\end{bmatrix},\qquad C=[1\ \ 0] \tag{8.25}$$

状態変数を 2 次元から n 次元に拡張して適合するサイズの行列 (A,B,C) を定義すれば式 (8.23)，(8.24) の表記は n 次元のシステムに対してもそのまま使用できる。一般に，式 (8.23) を**状態方程式**，式 (8.24) を**出力方程式**と呼び，これらを組み合わせて状態空間モデルと呼ぶ。現代制御理論やロバスト制御理論など近年では盛んに用いられている。初期状態を

$$x(0)=\begin{bmatrix}y(0)\\ \dot{y}(0)\end{bmatrix} \tag{8.26}$$

とおくと状態方程式 (8.23) は

$$x(t)=e^{At}x(0)+\int_0^t e^{A(t-\tau)}Bf(\tau)d\tau \tag{8.27}$$

と陽に解くことができる。ここで，e^X は行列指数関数と呼ばれ，$e^X=I+X+X^2/2!+X^3/3!+\ldots$ で定義される。ここで I は単位行列，X は正方行列，$e=2.71828\ldots$ はネイピア数である[4)]。

8.5 数学モデルで振舞いをシミュレートする

1 次遅れ系である RC 電気回路の数学モデル (8.1) の解は微分積分学の知識を用いて以下のように求めることができる。

$$v_C(t)=e^{-\frac{1}{RC}t}v_C(0)+V\left(1-e^{-\frac{1}{RC}t}\right)\ \text{〔V〕} \tag{8.28}$$

微分方程式モデル (8.1) からこの解を導出することは可能であるが，2 次系から n 次系へと次数が高くなると一般的に求めることが困難となる。ここでは，一般的な状態空間モデルから数値計算的に微分方程式の解を求める方法を解説する。

一般に状態方程式 (8.23)，(8.24) の解は式 (8.27) で得られる。ここで，積分区間を

$(0,t)$ から $(t,t+\Delta)$ に変更すると以下の数式表現が得られる。

$$x(t+\Delta)=e^{A\Delta}x(t)+\int_t^{t+\Delta}e^{A(t-\tau)}Bf(\tau)d\tau \tag{8.29}$$

ここで，$t=k\Delta$，$k=0,1,2,\cdots$ を定義し

$$A_d=e^{A\Delta},\quad B_d=\int_0^{\Delta}e^{A\tau}Bd\tau,\quad x[k]=x(t),\quad x[k+1]=x(t+\Delta) \tag{8.30}$$

と置く。さらに区間 $(t,t+\Delta)$ において $f(t)=f[k]$（一定）と仮定（または近似）すると，式 (8.29) は以下のように漸化式として表現することができる。

$$x[k+1]=A_dx[k]+B_df[k],\quad k=0,1,2,\cdots \tag{8.31}$$

これにより，任意の初期状態 $x[0]=x(0)$ と入力信号の時系列 $\{f[0],f[1],f[2],f[3],\cdots\}$ に対して状態の時系列 $\{x[0],x[1],x[2],x[3],\cdots\}$ を計算することができる。このように微分方程式 (8.23) を漸化式（差分方程式とも言う）(8.31) に対応させる変換を連続時間システムの**離散化** (discretization) と言う。図 8.4 は $M=1$，$D=0.5$，$K=5$，$f(t)=5$（一定値）における質量 M の運動をこの方法で計算して得られたシミュレーション結果である。

8.6　物理モデルでシステムの特性を読む

前節では微分方程式，伝達関数，周波数伝達関数，状態空間モデルの四つのモデルを紹介し，1 次遅れ系と 2 次振動系についてモデルのパラメータ，極の分布，ステップ応答波形，ボード線図を示した。**表 8.4** はこれらの物理モデルの特徴量を整理した表である。表中のステップ応答波形の特徴量については，1 次遅れ系の場合を**図 8.10** に，2 次振動系の場合を**図 8.11** に示した。また，2 次振動系についてはダンピング係数と安定性の間に**図 8.12** のよう

表 8.4　システムモデルの主たる特徴量

システム	1 次遅れ系	2 次振動系
伝達関数	$\dfrac{K}{1+Ts}$	$\dfrac{k\omega_n{}^2}{s^2+2\zeta\omega_n s+\omega_n^2}$
モデルパラメータ	T：時定数 K：ゲイン	ω_n：時定数 ζ：ダンピング係数 k：ゲイン
ステップ応答波形の特徴量	立ち上がり時間 T_r 時定数 T 定常ゲイン K オフセット	オーバーシュート（行き過ぎ量）$A_{\max}$ ピーク時間 T_p 立ち上がり時間 T_r 振幅減衰比 δ 遅延時間 T_d 整定時間 T_s
極の分布	$p=-1/T$	$p,\bar{p}=-\omega_n\left(\zeta\pm j\sqrt{1-\zeta^2}\right)$
周波数応答波形の特徴量	定常ゲイン K カットオフ周波数 ω_c	定常ゲイン k 共振周波数 ω_r Q 値

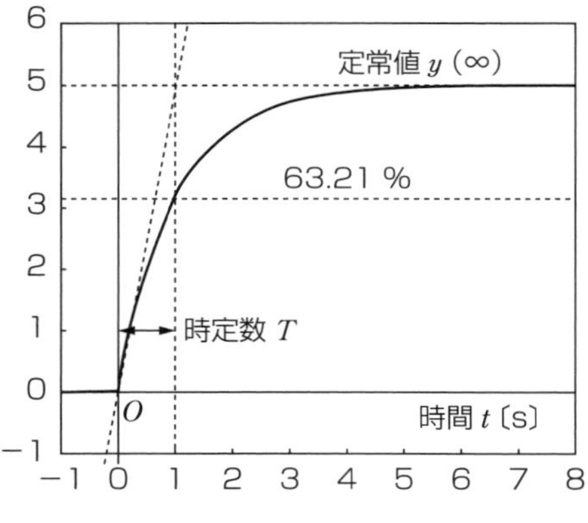

図 8.10　1次遅れ系のステップ応答波形の主たる特徴量

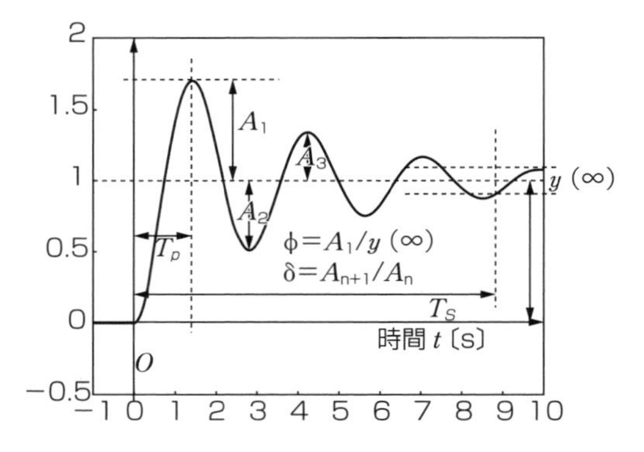

図 8.11　2次振動系のステップ応答波形の主たる特徴量

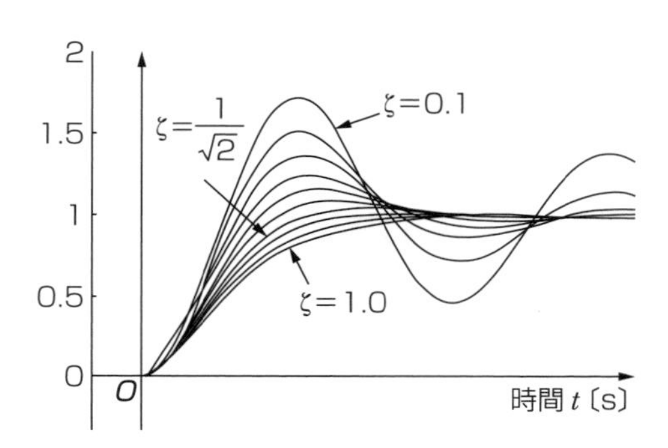

図 8.12　2次振動系のステップ応答波形とダンピング係数 ζ

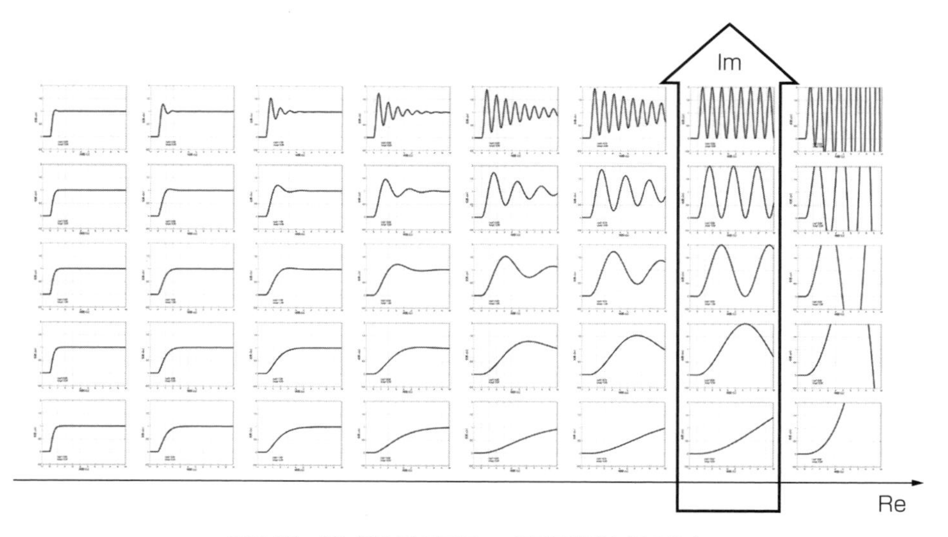

図 8.13　2次振動系のステップ応答波形と極の分布

な関係があることや，極の分布と応答波形に**図 8.13** のような関係があることを知っておくことは非常に重要である。読者の皆さんにおかれては，前節のシミュレーション手法と手元のソフトウェアを使ってモデルのパラメータと応答波形の密接な関係を体感的に修得することを薦める。詳細は本書の域を超えるので，動的システム理論や制御工学のテキストを参照されたい。

8.7　物理モデルに基づく制御系設計

前章でフィードバック制御について触れたが，本章で紹介した物理モデルを用いてこれを議論してみる。**図 8.14** のフィードバック制御系を考える。制御対象を 1 次遅れ系 (8.10) とし制御器を定数フィードバック制御

$$u(t) = -Fy(t) + r(t) \tag{8.32}$$

とした場合の $r(t)$ から出力 $y(t)$ までの伝達関数を考える。式 (8.10) に (8.32) を代入して得られる伝達関数は

$$\frac{K}{(1+KF)+Ts} = \frac{K/(1+KF)}{1+(T/(1+KF))s} = \frac{K'}{1+T's} \tag{8.33}$$

となる。ここで

$$K' = \frac{K}{1+KF}, \quad T' = \frac{T}{1+KF} \tag{8.34}$$

であるから $F>0$ の場合フィードバック制御則 (8.32) は時定数を短くし，ゲインを下げる働きがあることがわかる。

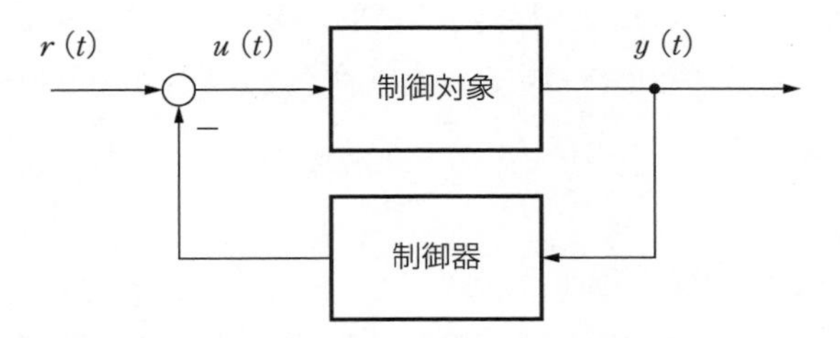

図 8.14　フィードバック制御系

つぎに，同じ制御則 (8.32) を 2 次振動系 (8.16) に適用した場合を考える。

$$\frac{k\omega_n^2}{s^2+2\zeta\omega_n s+(1+KF)\omega_n^2} = \frac{k\omega_n'^2}{s^2+2\zeta'\omega_n' s+\omega_n'^2} \tag{8.35}$$

となり

$$\omega_n' = \omega_n\sqrt{1+KF}, \quad \zeta' = \frac{\zeta}{\sqrt{1+KF}} \tag{8.36}$$

となる。つまり定数ゲインフィードバックは自然角周波数を大きくし，ダンピング係数を小さくする性質があることがわかる。

実際の制御系設計においてはシステムの複数の特徴を調整したい場合が多い。例えば2次振動系のステップ応答波形でオーバーシュートを抑えながらピーク時間を短くしたいなどが考えられる。その場合には定数フィードバックのように制御パラメータが一つでは足りない。そこで，二つの制御パラメータを持つ PD 制御則

$$u(t)=K_p e(t)+K_d \dot{e}(t) \tag{8.37}$$

や三つの制御パラメータからなる PID 制御則

$$u(t)=K_p e(t)+K_d \dot{e}(t)+K_i\int e(\tau)d\tau \tag{8.38}$$

などが候補として考えられる。

これ以外にも，前置補償器による位相進み・遅れ補償制御系，状態観測器を伴う状態フィードバック制御系，スイッチングアルゴリズムを含む可変構造制御系など複数の制御パラメータを持つさまざまな制御器が提案されている。詳細は制御系設計に関するテキストを参照されたい[5)]。

8.8 物理モデルの近似誤差と対処法

前節までに物理モデルによるシステムの解析と設計について述べた。しかし，残念ながらここまでの議論が厳密に成立するのは，システムが線形，時不変（定係数），有限次元，確定的かつ，むだ時間無しの場合に限定されてしまう。実際の物理システムにおいてはこれらの理想的条件は成立しない。これらの仮定から外れた影響を誤差とみなし近似的に成立するとして論を進めることも可能な場合がある。この節では読者諸氏が遭遇するであろう近似誤差について論じ，有効と思われる対処法について解説する。

8.8.1 非線形システムの線形近似

非線形な入出力関係を持つ要素（以後非線形要素）を含むシステムは**非線形システム**である。厳密には単純な振り子も $\sin(\theta)$ を含むので非線形システムである。

非線形システムを扱うには，（1）動作点近傍で線形近似し線形システムとして扱う，（2）補償要素と組み合わせて非線形性を相殺し，線形システムとして扱う，（3）非線形システムの特徴を生かして非線形制御理論に基づいて扱う，などの方法がある。

（1）　動作点近傍での線形近似は，以下のテーラー展開を1次項で打ち切って近似する方法である[5)]。

$$f(\theta_0+\delta\theta)=f(\theta_0)+f^{(1)}(\theta_0)\delta\theta+\frac{1}{2}f^{(2)}(\theta_0)(\delta\theta)^2+\frac{1}{3!}f^{(3)}(\theta_0)(\delta\theta)^3+\cdots$$
$$\fallingdotseq f(\theta_0)+f^{(1)}(\theta_0)\delta\theta \tag{8.39}$$

例えば，$\sin(\theta)$，$\cos(\theta)$ は $\theta=0$ の近傍で $\sin(\theta)\fallingdotseq\theta$，$\cos(\theta)\fallingdotseq 1$ と近似できる。

（2）　補償要素との組合せによる補償方法については逆システムの直列結合がよく用いられる。**図 8.15** は 2 乗要素や不感帯要素の出力側にその逆関数要素を直列結合して $z=u$ を実現する様子を表している。制御アルゴリズムをディジタル計算機で実現する場合には，この逆関数要素は制御プログラムの一部として組み込まれる。ここに示した記憶要素を含まない（メモリレスの）非線形要素はこの手法が有効であるが，機械要素のバックラッシュや電磁石のヒステリシス要素など記憶要素を含む非線形要素に対しては工夫が必要である。

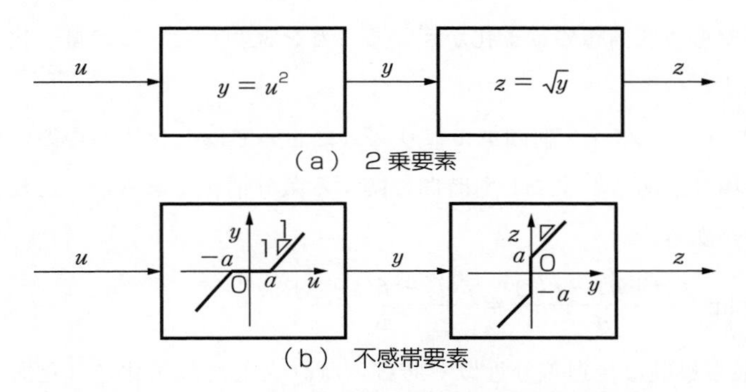

図 8.15　逆システムの直列結合による非線形補償の例

（3）　非線形システムの特徴を生かして非線形のまま取り扱う方法については，ロボット工学や自動車工学などの分野で，エネルギーやノンホロノミック性に着目した解析，制御系設計の手法が提案されている。興味ある読者は専門書を参照されたい[6]。

8.8.2　連続時間システムの離散化

8.5 節で連続時間状態空間モデルの離散化について紹介し，シミュレーションに有効であることを説明した。ディジタル計算機に実装される制御アルゴリズムは制御周期ごとの反復実行プログラムなので，本質的に離散時間系である。したがって，制御対象のモデリングから制御アルゴリズムの実装までのプロセスにおいては**図 8.16** のように 2 通りの設計手順が存在する。どちらの手順を採用するかについては慎重な検討を要する。特に，制御周期が十分短ければ両者の差異は無視できると考える技術者が多いが，次項の量子化問題の影響を考えると短すぎる制御周期が制御性能を劣化させる場合もあるので，制御周期の検討は重要である。

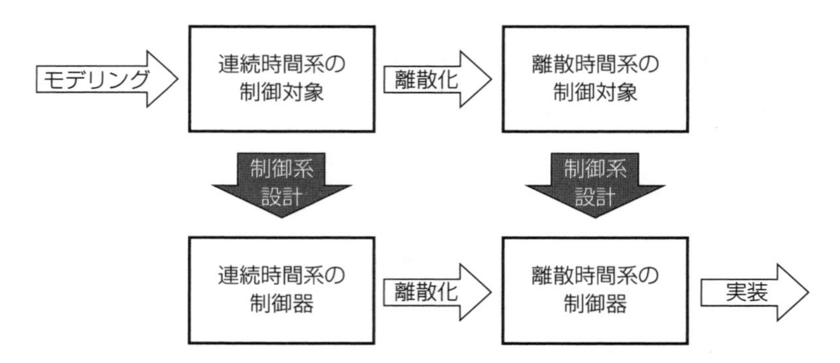

図 8.16　制御対象のモデリングから制御器の実装における連続時間設計と離散時間設計

8.8.3　アナログ信号の量子化

前章で AD 変換と DA 変換による物理量の量子化について説明した。また，光学式ロータリエンコーダでも角度情報の量子化が起こることを説明した。この量子化が及ぼす影響について一例を示す。

PD 制御などフィードバック制御アルゴリズムにおいてはセンサから得られる物理量の変化速度が必要な場合がある。すなわち時間に関する微分情報であるが，これを得る方法の一つに差分近似法がある。

$$\frac{d}{dt}f(t)=\lim_{h\to 0}\frac{f(t+h)-f(t)}{h}\doteqdot\frac{f(t)-f(t-\Delta)}{\Delta} \tag{8.40}$$

式 (8.40) は最も単純な後退差分近似である。$f(t)$ として量子化されたあとの値を使用すると分子の $(f(t)-f(t-\Delta))$ は量子化レベルの精度の情報は失ってしまう。ここで制御周期 Δ を非常に小さい値にすると $f(t)$ の小さな摂動が大きく増幅され，式 (8.40) がノイズの発生源になってしまうという現象が起こる。

この問題を回避するには 3 次以上のディジタルフィルタによる高周波成分のカットや現代制御理論に基づく状態観測器（オブザーバ）やカルマンフィルタを採用することが考えられる。しかし，ハードウェア設計の段階で制御性能を実現するのに十分な分解能を有した量子化器であるかどうかをまず考えることが重要である。

8.8.4　通信遅延とむだ時間

フィードバック制御系において最も厄介な問題は**むだ時間要素**（dead time）の存在である。特にディジタル制御を前提とする場合には，センサ部の前処理時間，アナログとディジタルの変換時間，制御アルゴリズムの計算時間，制御周期などディジタル信号処理に伴う**遅延**（delay）は必ず発生する。また，有線や無線通信を用いた遠隔制御においては**伝達遅延**（latency）は不可避である。

むだ時間要素を無視してフィードバック制御系を構成することは危険である。例えばフィードバックゲインを上げるとある値で出力は振動したり発散してしまい，システムは不安定となってしまう。

むだ時間要素を持つシステムの制御については制御工学の分野では古くから研究され，対処法がいくつか提案されている。PID 制御系では Ziegler-Nichols 法によるゲインの計算法が有名である。また，近年はむだ時間要素を1次のハイパスフィルタで近似し，H_∞ 理論に基づくロバスト制御の手法で対処する手法の有効性が報告されている。

章　末　問　題

【8.1】 大きさ1のステップ状信号のラプラス変換が $1/s$ をラプラス変換の定義から導出し，変数 s が満たすべき条件を示せ。

【8.2】 導関数のラプラス変換に関する公式 (8.5) を導出せよ。

【8.3】 式 (8.27) の $x(t)$ が状態方程式 (8.23) の解であることを，両辺を t で微分して確認せよ。

【8.4】 システムの直列結合，並列結合，フィードバック結合を伝達関数モデル，状態空間モデルで表現するとどのような操作になるか（**図 8.17**）。

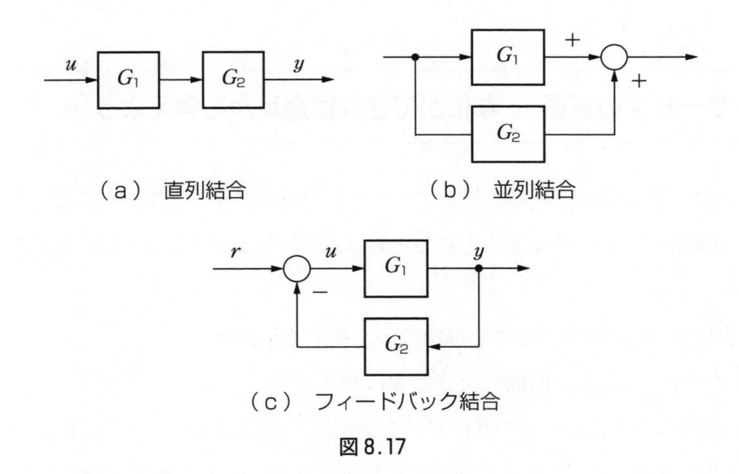

（a） 直列結合　（b） 並列結合

（c） フィードバック結合

図 8.17

9. IoT システムの開発プロセス

IoT システムは，複数のものがつながることで新たな価値を生み出すことを目的としている。IoT システムを構成するハードウェア，ネットワーク，それらの基本的な技術やつくり方の特徴を学んできた。これらの技術を統合して，IoT システムが提供するサービスをつくるために必要な技術がソフトウェア開発技術である。価値を生み出すサービスをどのような観点で分析すれば良いのか，ソフトウェアとして設計，実装するにはどんなことを考え，どのようにつくっていけば良いのかを考えてみよう。

キーワード：サービス，目標，ソフトウェア，開発プロセス，ライフサイクル，要求分析，設計，モデル，機能要求，非機能要求，品質特性

9.1 サービスの目標 ― なにができれば満足かを考えよう ―

IoT システムは，複数個の「もの」がネットワークでつながり，つながることによって集められたデータを蓄積解析し，その結果をもとに**サービス**（新たな価値の創造）を実現するシステムである。

サービスを実現するために重要なことはなにかを考えてみよう。

〔1〕 サービスで達成したい**目標**（goal）はなにか？

システムは人や社会に役立つサービスを提供するためにつくられる。IoT システムは「モノ」がつながることにより，サービスを提供するが，全体の目標を認識して，「モノ」やつながりを開発することが重要である。

目標と言っても，ただ「便利になれば良い」だけでは，なにがどの程度できるようになれば，便利なのかがわからない。そこで，つぎのことを考える。

〔2〕 サービスを活用してなにができれば良いか？

システムができることを**機能**（function）と呼ぶ。全体の目標を達成するために，システムが持つべき**機能要求**（functional requirement）を明らかにする必要がある。つながっている「モノ」がどのような役割を果たし，どのような機能を持てば目標を達成できるかを検

討する。しかし，「モノ」には個別の性質（達成できる性能，形状等）や利用条件等の制約がある。つなぐことを踏まえて，全体目標の中での役割達成のための，それぞれの「モノ」の条件を考慮して，「モノ」ができることを決定しなければならない。

〔3〕　そのサービスをどのように活用できれば満足か？

機能は，システムを利用して「なにかができる」ということである。目標を満たすには，ただできるではなく，どのようにできれば満足かを検討する必要がある。こうした機能以外の要求を**非機能要求**（non-functional requirement）と呼ぶ。これにはシステムにおけるハードウェアの構成や，システムが要求される性能，利用するユーザの特性，システムの品質等がある。

IoT システムの開発の事例として，快適な住空間を実現するための全館空調システムにおいて，これらのことを考えてみよう。現実のシステムではなく架空のシステムである。現実のシステムと似ていたとしても気にしないでほしい。

全館空調は各部屋にエアコンなどを設置するのではなく，1 台の大きな空調システムで家中を冷暖房するものである。これにより，廊下や洗面所まで空調が効くため快適な住空間をつくることができる。しかし，24 時間稼働させると光熱費が高くなる。さて，全館空調システムのサービスの目標をなにに定め，それはどのような機能で実現でき，どのように活用できれば満足できるだろうか？ 考えてみよう。

図 9.1 に示すように全館空調システムのサービスの目標は，いつでも快適でリーズナブルな住空間を提供することである。この「快適で」は単に温度のことか，空気の成分のことかによって，システムが持つべき機能が変わってくる。ここでは，まず，家中いつでも快適な気温で過ごせることを考える。このサービスを活用してできることは，「快適な気温の住空間で過ごせる」ことである。

図 9.1　全館空調システムサービスの目標と要求

すなわち，この目標を達成するための機能要求は「エアコンで家中の空気を快適な気温に調整する」ということになる。

どのように活用できれば満足かは，非機能要求である「いつでも」，「家中で」かつ「リーズナブルに」であるが，「いつでも家中で」となると，光熱費や設備費がかさみ「リーズナブルな」が達成できない。そこで，家族が一人でも家にいるときには空調を稼働させ，一人もいないときには空調を止めて光熱費を節約したい。また，夏や冬には，快適な気温になるまでには時間がかかるので，帰宅することがわかれば早めに空調を稼働させて，家の中を快適な温度にしておきたい。このような非機能要求を実現するための機能を開発する必要がある。そこで，IoT の力を借りて，必要とする場所や時間を判断できる機能を持つことにより，家族にとって必要な「いつでも」を認識して制御することで，「リーズナブル」を実現することにする。

この機能を実現するためには，システムは家族の行動を観測し，さらに，家族の行動を予測する必要がある。家中に配置してある人感センサや手動で空調を設定できるスイッチの状況に基づいて，家に家族がいるかいないかを観測する。また，スマートフォンには GPS（Global Positioning System）を用いて位置を取得できる機能が付いているので，取得した位置情報に基づいて家族がどこにいるかを把握することができる。これらのセンサや家族の位置情報に基づいて，家族の行動パターンが予測可能となる。

このようなサービスを開発するためには，分散システムとしての「モノ」の単位（外部や室内の気温，各部屋にいる人を認識するセンサ，帰宅に関する家族の行動の把握による空気の制御を行う空調システムの構成要素）に対して，それぞれが，どのような「機能」を持ち，それらをどのように活用したいかという要求に従い，必要なデータの精度等のつなげる条件を明らかにし，機能の実現可能性をコスト（時間・費用）も加味して，その仕様ならびに設計を決定する必要がある。

リーズナブルを達成するために，家族にとって快適な空調が必要な状況を認識する機能を定義する必要がある。機能が期待する結果を出力する（この場合には「必要ないつでも」を制御する）ためには，どのような情報がどの程度の精度で必要であるかを洗い出さなければならない。例えば，人がいることがわかれば良いのか，何人，だれがいることがわかれば良いのかによって期待する結果が異なってくる。IoT システムでは，この必要な情報をなるべくユーザの負担にならないように取得できることが，サービスの質を向上するためには重要である。

全館空調システムでは，非機能要求としての「いつでも家中で，リーズナブルに」から，「人のいる部屋を認識する」，「家族の帰宅に関する行動を把握する」という機能を持つことを考えたが，実際に開発する際には，「リーズナブル」に関わる電力量，ガス料金の制限の要求，「快適な」の気温，湿度等に関する要求を考慮する必要がある。日常生活で使われるものであるから，安全で安心して使えることが重要である。また，こうしたシステムは長く使われることが想定される。使用されているハードウェアの性能の進化に伴い，ソフトウェアも進化する必要がある。すなわち，ソフトウェアの構造がどのようにつくられているかも重要なポイントである。

また，IoT システムはネットワークに接続して使用され，セキュリティやプライバシーを考慮することが重要となる。今回のシステムは家族の帰宅に関する行動をすべて把握しているため，悪意のある他人に情報が知られてしまうと窃盗被害やストーカー被害に遭うなど大変なことになる。

9.2 開発プロセス

IoT システムは，分散するサービスやデバイスから構成されるため，人々の要求から出発し，その解決策をこれらの個々のサービスやデバイスの条件や性能を考慮して，組合せの妥当性を検討しながら開発する必要がある。利用するサービスが変わったり，デバイスが進化したり，新たなサービスの結合が可能になることによって，システムは，その役目を終えるまで，新たな要求を取り入れて進化し続ける。**図 9.2** の外側のサイクルがこれを表している。特に，IoT システムでは，デバイスの進化や新たなサービスの開発や利用環境の拡大により，サービスの内容自体も大きく変わってくる。このため，運用を含めたライフサイクルを視野に入れた開発を行う必要がある。

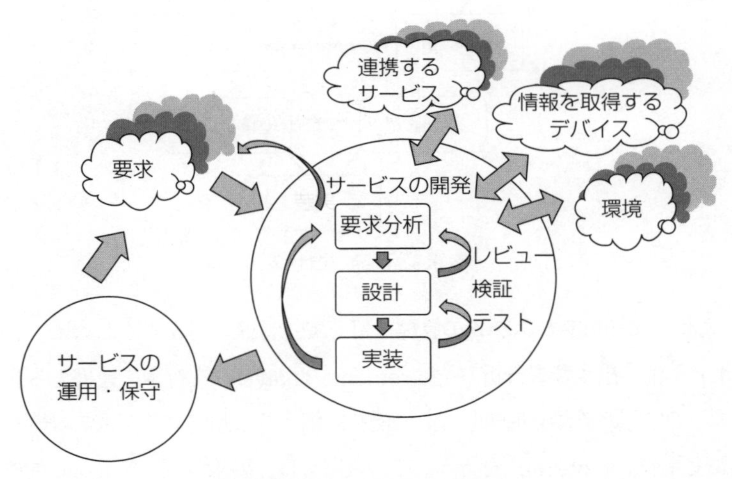

図 9.2　システムのライフサイクル

IoT システムの開発では，さまざまな条件を持つ複数のものをつないで，全体目標を達成するように問題解決をしなければならない。

最終的につくりたい IoT システムはサービスの目標を満たすものである。すなわち，最終成果物にはサービスの目標を満たすためのさまざまな要求（ハードウェア要求，性能要求，環境要求，OS やミドルウェア等のソフトウェア要求等々）が，機能要求に加味され，その実現方法が決められて完成する。なかなか複雑である。

大規模で複雑なものを考えるときの一つの手段として，観点を変えて段階的に物事を考えるという方法がある。サービスの開発では，要求分析，設計，実装という異なる観点の段階を経てプログラムを作成する。各段階において，作成されるものをプロダクトと呼ぶ。これらは段階ごとに，仕様書，設計書，プログラムと呼ばれる。プロダクトがその前段階のプロダクトを満たしているかを確認する方法として，レビュー，検証，テストがある。図 9.2 のサービスの開発の内側のサイクルがこれを示している。要求へ向かった矢印は，要求分析のプロダクトがそもそもの要求を満たしているかを確認する作業である。これらを合わせて，システムの**ライフサイクル**と呼ぶ。

IoT システムでは，連携するサービス，情報を提供するデバイス，利用環境もサービスの目標を定める要求とともに変化する要因である。

サービスの開発時には，**図 9.3** のようなプロセスを経てシステムを開発する。

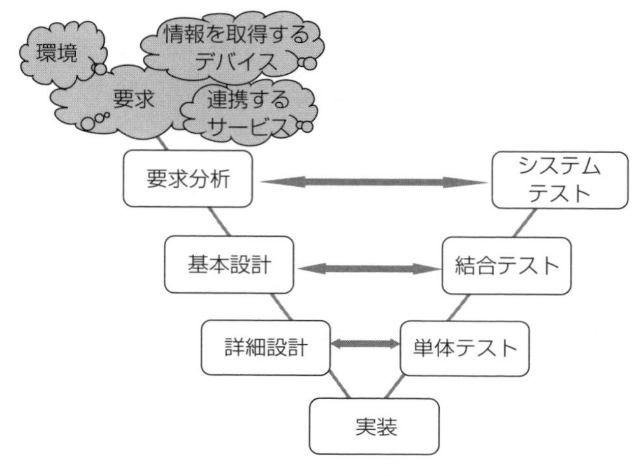

図 9.3　開発プロセス

9.1 節で述べたように，IoT システムの目標に対して，目標を達成するために，システムが持つべき「機能要求」を洗い出す**要求分析**（requirements analysis）を行う。連携するサービスや，使用するデバイスや OS 等の条件を加味して，機能を詳細化し，想定するシステム構成の中で実現できるように**基本設計**（basic design）を行う。この段階では，要求分析で定義した機能の**実現可能性**（feasibility）を検証する必要がある。つぎに，性能条件を満たすようにソフトウェアの構成を工夫し，プログラムを作成できるように**詳細設計**（detailed design）を行う。この設計図に基づき，**実装**（implementation）を行う。テストは，要求分析，設計の段階に決定した内容を検査する。本稿では，テストの詳細については言及しないが，テストは各段階で決定したことを段階的にテストすることから，図 9.3 のように，要求分析等の段階との横の対応を考えて，テスト項目を決定する。このような開発プロセスを **V 字モデル**と呼ぶ。

複雑で大規模なシステムを構築するには，つぎの二つの考え方が役に立つ。一つは**分割統治**（divide and conquer），もう一つは**段階的詳細化**（stepwise refinement）である。分割統治とは，「解くべき問題を部分問題に分割し，それらの解を用いて全体の解を導く方法」であり，段階的詳細化とは「複数の段階に区切って，その都度の観点から問題を解き，その解からつぎの解を導く方法」である。

IoT システムの開発では，複数のつながるものの条件を考慮して，全体の目標に照らして，ハードウェア要求，ソフトウェア要求を決定しなければならない。そのために，開発プロセスという段階的詳細化の各段階のプロダクトを，分割統治という考え方で整理して定義していく必要がある。このように，観点を変えて，対象システムをとらえたものを**モデル**と呼ぶ。モデルは対象システムに必要な要件をその段階およびその部分と関係として表現するものである。具体的なモデリングの方法は 10 章で説明する。

9.3　機能要求と非機能要求

システムを構成する基本となるシステムの「機能要求」と，機能を決定していくうえで大きな影響を与えるシステム構成，ハードウェア構成，利用者の特性といった「非機能要求」について，システムの機能と**品質**（quality）という観点から，もう少し考えてみよう。

機能とは，システムが「＊＊できる」ことを表す。IEEE-std 830-1998 では，機能要求とは「入力の受理や処理時の出力の処理や生成時に，ソフトウェアの内部で生起する基本的な動作」としている。「＊＊できること」を達成するために，機能の骨格となるのはつぎの項目である。

・どのような**入力**が必要か。

・どのような**出力**が期待されるか。

・入力から出力を得るための**処理手順**はなにか。

IoT システムでは，複数の「もの」がネットワークを介してつながり，個々の構成要素がほかの構成要素から得られた情報を利用して処理を行う。

全館空調システムがサービスを行うために必要な入力は，各部屋の温度，外気温等の室温調節のための情報，各部屋に人がいるか否かを判断するための情報，家族が今帰宅途中であるかを判断するための情報である。明示的な利用者からの情報としては，空調の設定スィッチの操作情報がある。これらの情報を適切に処理して，期待する出力である，空調の温度設定，スイッチの ON/OFF を決定する。**図 9.4** は，全館空調システムが持つ機能「家族の状況から家じゅうの空気を快適な気温に設定する」に対する入力と出力を示している。入力やその他の情報を用いて期待する出力までの処理手順を定義する。

IoT システムでは，分散するサービスやデバイスから構成されため，個々のサービスやデバイスがどのように連携するかをモデル化することが，全体の目標を見極めるためには必要である。この中で，システム構成，ハードウェア構成，利用者の特性といった具体的な IoT システムの利用環境

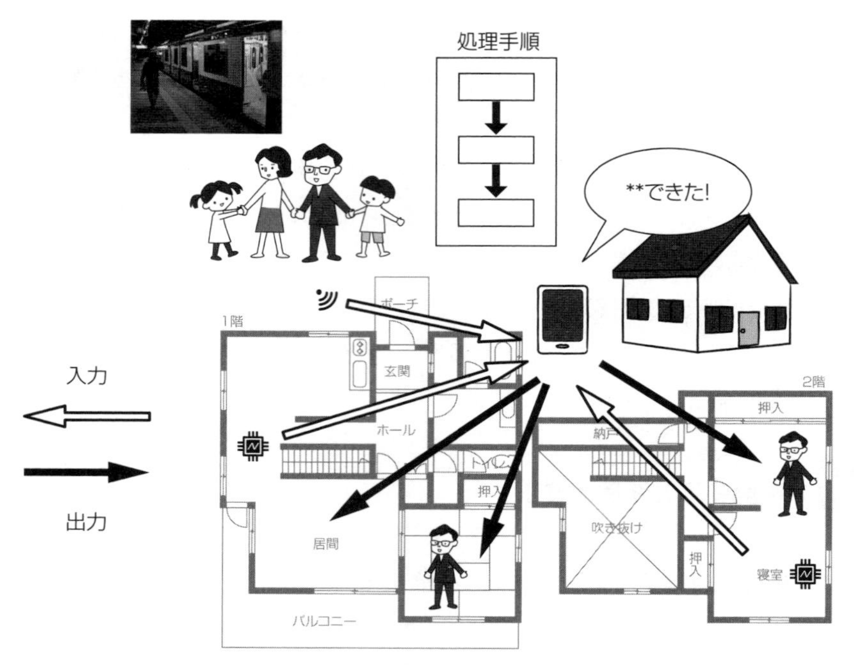

図 9.4　全館空調システムの機能の骨格

や利用できるデバイスの性能や通信，扱う情報の資産としての価値を認識し，その資産をどのように守るべきかというセキュリティの要求も検討しなければならない。

これらの検討を踏まえて，サービスの目標を達成するための，システムが「＊＊できる」という機能を決定する。機能の定義としては 10 章で述べる**ユースケース**（use case）が一つの候補である。

役に立つサービスを開発する際には，満足すべき性質がある。例えば，ISO/IEC 25010 を基に作成された日本工業規格　JIS 25010：2013 では，システムおよびソフトウェア製品の品質要求及び評価（SQuaRE†）として，つぎの品質モデルを定義している。これらの性質は，システムおよびソフトウェアをつくる際に念頭に置くべき事項であり，また，つくられたソフトウェアがこれらの性質を満足しているかどうかについて，つねに検討する必要がある。品質モデルには，システムを利用する側からの観点とシステムの製品内部からの観点の二つのモデル，**利用時の品質モデル**（software quality model in use）と**製品品質モデル**（software product quality model）がある。

〔1〕 **利用時の品質モデル**　　システムとの対話による結果に関係する五つの特性，すなわち，有効性，効率性，満足性，リスク回避性および利用状況網羅性を規定するモデルである。各特性の内容は以下の通りである。

有効性（effectiveness）：提供されたサービスは利用者にとって，その目標を正確かつ完全に達成

† SQuaRE は，Systems and software engineering-Systems and software Quality Requirements and Evaluation という意味である。

するものであることが求められる。

効率性 (efficiency)：サービスの目標を正確かつ完全に達成すると言っても，システムを開発するためには，さまざまな資源が必要である。資源とは，開発に掛かる時間といった人的資源や，使用される材料やその資金であり，このコストも開発を決定するうえでの大きな要素である。IoT システムでは，消費電力などのさまざまな要求に応じて使われるハードウェア部品は多種多様であることや，サービスのコスト要求に対して，ハードウェアの選択を行う必要がある。

満足性 (satisfaction)：サービスを開発するからには，最終的に利用者の満足を得ることは重要である。利用者の満足とはなんだろうか？ サービスが実用的，すなわち役に立つこと，利用者の想定通りに利用できること，サービスを利用して嬉しい，快適であると感じることができることが考えられる。

リスク回避性 (freedom from risk)：サービスにより，経済状況，人間の生活または環境に対する潜在的なリスクを緩和することができることは大切である。すなわち，経済的な効果があるとか，リスクを回避して安全な生活を担保するのに貢献するとか，環境を悪化させない（環境にやさしい）効果があるといったことに貢献できるかを考える必要がある。

利用状況網羅性 (context coverage)：サービスの通常の利用状況ならびに，想定外の利用状況においても，有効性，効率性，リスク回避性，満足性を満たすようにサービスを利用できることが大切である。本来，起こり得るすべての利用状況において，このことが満たされていなければならない。例えば，小さい画面を使用しなければならない，低いネットワーク帯域幅でしか利用できない，作業に熟練していない利用者が使用する，ネットワークと接続していないモードでも利用できるか，といったさまざまな状況が想定できる。こうした状況においても，サービスを利用できるかどうかを検討する必要がある。

利用時の品質モデルに規定されている項目は，サービスを開発する段階で，機能の必要性，システム構成の妥当性を検証する指針となる。要求分析において機能を抽出する際，いろいろな利用状況の**シナリオ** (scenario) を想定し，IoT システムの構成要素の条件を機能面，環境面，コスト面を含めて検討することが大切である。

〔2〕 製品品質モデル　システムおよびソフトウェア製品の品質特徴を，機能適合性，性能効率性，互換性，使用性，信頼性，セキュリティ，保守性および移植性の八つの特性に分類するモデルである。各特性の内容は以下の通りである。

機能適合性 (functional suitability)：システムやソフトウェアは，「＊＊できる」という機能を，ユーザの目標とした要求をその目的に照らして適切に処理し，期待される正しい結果をもたらすことが必要である。機能の集合が，システムやソフトウェアの提供するサービスの目標を達成するために，十分であるかを検討すべきである。

効率性 (performance efficiency)：ソフトウェアは限られたコンピュータの資源，例えばメモリなどを利用するため，実行時には，効率良くその資源を利用しなければならない。IoT システムでは，リアルタイム性が求められることが多いので，大量のデータに対しても，応答時間，処理時間，スループット速度が要求事項を満足するための工夫が必要である。

互換性（compatibility）：IoT システムは，さまざまなハードウェアおよびソフトウェアの複合体であることから，サービスを提供する間は，その構成条件のもと，サービスの要求を満たすように，その機能を効率的に実行し，情報を共有できるように，構成要素が適切に共存，かつ相互運用ができることが必要である。

使用性（usability）：ソフトウェアが役に立つ機能を提供していても，難しくて使いこなせなければ，結局は役に立たない。多様なユーザに対して，わかりやすく，操作がしやすく，だれでもすぐに使えるようになることが大切である。

信頼性（reliability）：さまざまな「モノ」が連携する IoT システムは，広範囲に渡る社会のインフラの役割も果たすようになる。このように故障による社会的影響の大きいシステムの場合には，システムがその機能をきちんと維持できることが大切である。また，障害が発生してもその影響を最小限に食い止め，短時間に容易に復旧できるようにするための工夫が重要になる。

セキュリティ（security）：IoT システムは人々やものの観測や行動から得られた情報を活用して，サービスを提供する。扱う情報を安全に保護することが，安心してサービスを利用するためには重要である。扱う情報は，分散したハードウェアに蓄積され，ネットワークを介してやりとりされる。そこで，システムが，アクセスすることを認められた情報だけにアクセスすることができることを確実にすることや，これらの情報に権限なしでアクセスすることを防止する仕組みも設けなければならない。問題が生じた場合には，それを追跡する仕組みも用意する必要がある。

保守性（maintainability）：コンピュータを利用したサービスが増加・拡大しているということは，サービスを実現する膨大な量のソフトウェアを開発しなければならないということである。そのために，すべてを新規に開発するのではなく，これまでのソフトウェア資産を再利用することに

コラム：アジャイル開発

ソフトウェア開発は本章で説明したプロセスを経て行われる。しかし，IoT システムのように多くのものがつながるシステムでは，そのサービスの妥当性を早期に確認しながら，開発を進める必要がある。その一つとして，アジャイル（agile）開発という考え方がある。アジャイルとは「俊敏な」，「すばやい」という意味で，要求の変更に対して，機敏かつ柔軟に対応するためのソフトウェア開発手法である。サービスの内容だけではなく，ハードウェアや利用環境に対する要求は変化するものであることから，動くものを早くつくって確認し，繰り返すことにより，機能・品質を向上させることが目的である。システム開発の目的は高品質なプロダクトを効率良くつくることであるが，つくりかたのプロセスも工夫することが求められている。

よって，開発が行われる必要がある。すなわち，ソフトウェアは一度つくられたら絶対に変わらないのではなく，つねに変更されるという意識が不可欠である。そこでソフトウェアは，新たな要求に対して変更しやすいように，その内容がわかりやすく，変更によって予期せぬ問題を引き起こさないことを保証するような性質を持つ必要がある。IoT システムでは，複数の構成要素の関係をわかりやすく設計し，変更時に新たな障害が発生しないようにすることが重要である。

移植性（portability）：ソフトウェアはさまざまな異なる種類のコンピュータの上で動作する。したがって，同じサービスを提供するソフトウェアが，さまざまな異なる種類のコンピュータでも容易に動作するようにできることが必要である。ハードウェアやソフトウェアの進化にともない，これらが変化しても適応できることも重要である。

製品の品質モデルに規定されている項目は，サービスを開発する段階で，機能に対して，機能の実現方法，システム構成，ハードウェア構成，ソフトウェア構成の妥当性を検証する指針となる。機能をモデル化し，想定されるシステム構成，ハードウェア構成に対して，妥当な実現方式が定義できるかを検討する。このモデル化の方法については 10 章で説明する。より良いサービスを開発するためには，こうした観点を心に留めてほしい。

章　末　問　題

【9.1】 利用時の品質モデルの説明において述べたように，いろいろな利用状況のシナリオを想定することで，IoT システムの構成要素の条件を機能面，環境面，コスト面を含めて検討することが大切である。自分の家がこの全館空調システムを導入しているとして，家の構造，家族構成，季節，天気，時間，在宅状況を想定して，あなたの一日の利用シナリオを考えてみよう。

【9.2】 全館空調システムでは，リーズナブルに快適な気温の空気を提供してくれるものであることから，部屋の中に人がいるかいないか，家族がそろそろ帰宅といった情報を利用して，部屋ごとの温度調節を行っている。製品の品質にあるセキュリティの観点から，このシステムが守るべき資産である情報はなんであるかを，どのような被害が生じるかの観点から考えてみよう。

10. モデリング

IoT はクラウド側，環境側にさまざまなサービスやデバイスが分散するシステムである。本章ではそのような分散システムを要求から設計まで段階的に詳細化する過程を，特にソフトウェアを表現するためのモデルを用いて記述する方法について理解する。また，前章で紹介した全館空調システムの例を用いてこの過程を大まかに追体験する。これにより，なにを達成すべきかを整理した要求から，どのように実現するかを整理した設計まで，段階的に詳細化されていく過程を具体的に理解してもらいたい。

なお，ここでは紙面の制約のため前章で説明したすべての事柄について説明しない。例えば本章では機能的な側面についておもに表現することにし，品質特性などの非機能的な事柄については取り扱わない。また，モデルで表現するにあたり標準に定められている文法に従うことは重要ではあるが，文法の詳細については説明しないので，実践する場合にはほかの参考書をあたられたい。

キーワード：モデリング，UML（統一モデリング言語），段階的詳細化

10.1 モデルとは

モデルとは開発対象などの記述したいものごとから，興味のないことを排除し，興味のあることのみを表現したものである。本書で取り扱うモデルにはおもにソフトウェアと制御を表現するためのモデルの2種類がある。**図 10.1** に IoT システムをモデルにするためによく使用されるモデルを分類し図示した。一般的にシステムやソフトウェアに関するモデルを中心に据えた開発のことを**モデル駆動開発**と呼び，制御や信号処理に関するモデルを中心に据えた開発のことを**モデルベース開発**と呼ぶ。本章ではおもに前者を取り扱う。また，ソフトウェアを表現するモデルも1種類だけではなく，目的や詳細度などに合わせてモデルの種類を選択する必要がある。本章では **UML**（Unified Modeling Language，**統一モデリング言語**）を用いてソフトウェアを表現する。UML はさまざまな種類のモデルを提供しており，表現したい目的に合わせてモデルの種類を選択することができる。UML 以外にも電子系や機械系も含めたシステム全体をモデルで表現することを目指した SysML や，UML をリアルタイムシステムを記述するために拡張した MARTE などがよく使用されている。

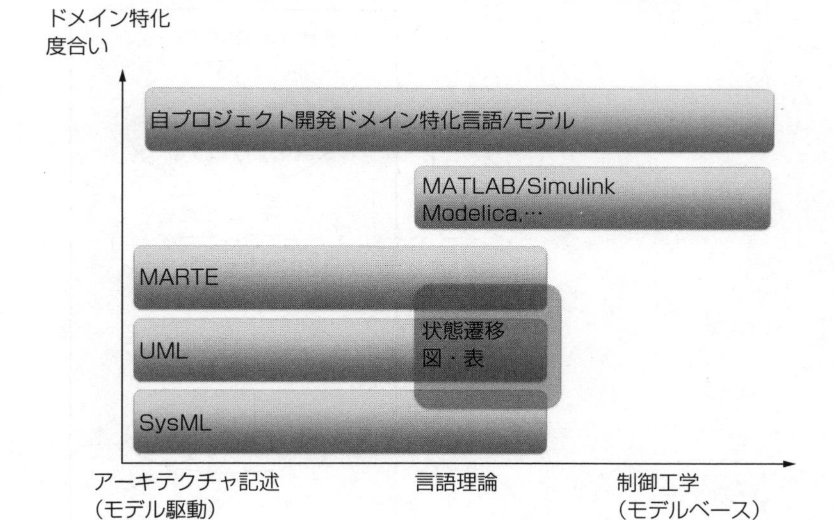

図 10.1　モデル地図

10.2　ユースケースの分析と記述

ユースケース分析では，システムがどう動くのかをユーザ視点で明らかにする。ユーザ視点で明らかにするということは，システムの利用者や関連するほかのシステムからの視点で今回開発対象とするシステムを見るということである。システムが果たすべき機能を外部からの視点で整理するのがユースケース分析である。ここでは，開発対象システムがどのような機能を提供するのかが重要であり，どのようにその機能を実現するかについてはここでは取り扱わない。別の言葉で言うと「なに」を実現するかがを整理することが重要であり，「どのように」実現するかは頓着しない。

ユースケース分析で使用する道具は，大きく**ユースケース図**と**ユースケース記述**の 2 種類がある。ユースケースとはシステムが提供する機能を表現したものであり，ユーザとシステムとのやりとりを中心に記述される。ユースケース図はユースケースを構造化して図示したものである。ユースケース記述はユースケースを日本語などの自然言語で叙述的に記述したものである。本で例えると，ユースケース図は目次であり，ユースケース記述はその本文にあたる。

10.2.1　ユースケース分析

図 10.2 にユースケース図の構成要素を示す。ユースケース図はアクタ，ユースケース，システム境界で構成される。アクタはシステムが関連するユーザやほかのシステムを表現す

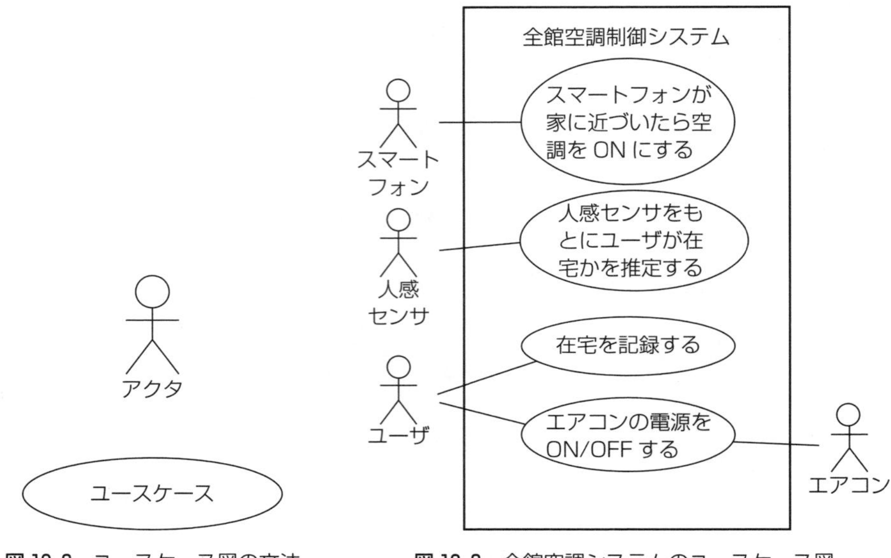

図 10.2　ユースケース図の文法　　図 10.3　全館空調システムのユースケース図

る。システム境界は開発対象の範囲を示す。ユースケースはユースケースを示す。なお，ユースケースは構造化するして整理することができ，ほかのユースケースを取り込む，拡張するなどの機能があるが，今回は取り扱わない。

前述した全館空調システムのユースケース図を**図 10.3** に示す。アクタとしてスマートフォン，人感センサ，ユーザ，エアコンを抽出している。また，ユースケースとして「スマートフォンをもとに在宅かどうかを推定する」，「人感センサをもとにユーザが在宅かを推定する」，「在宅を記録する」，「エアコンの電源を ON/OFF する」を抽出している。それぞれのユースケースと関連するアクタとの間に関連の線をひいている。

10.2.2　ユースケース記述

ユースケース記述とは，各ユースケースがアクタとシステムとがやりとりしながら振る舞うさまを時間の流れに沿って叙述的に記述したものである。

ユースケース記述を書く場合には，まずそのユースケースが始まるきっかけとなることがらを見つける。ユーザが指示する，センサが検知するなどである。そのつぎにどのようなことが起こりそうかを時間の流れに沿って考える。ユーザや外界のシステムたちが対象システムに対して働きかけた結果，システムがなにかの振舞いを発生させ，応答する，というように振る舞うはずである。一連の流れが終わるまで順番に書いていく。

ユースケース記述を書くときには，必ず，主語，振舞いの対象を記述する。だれが，なにに対して，なにをするのかを明示する。いずれが欠けてもあいまいな文章になる。

表 10.1 に全館空調システムのユースケース記述の例を示す。ここでは簡単のために，**ユースケース名**と**メインイベントフロー**についてのみ考える。メインイベントフローはシステムが正常に動作したときに発生するイベントとそのときのシステムの振舞いの記述である。通常のシステム開発ではこれ以外にも，ユースケースの実行前，実行後に満たすべき性質である事前，事後条件，例外的なことが発生した場合の振舞いの関する**イベントフロー**を記述する。

表 10.1　全館空調システムのユースケース記述例

ユースケース名	メインイベントフロー
在宅を記録する	1. ユーザはシステムに現在在宅であることを伝える。 2. システムはユーザが家に存在していることを記録する。 3. システムはユーザに在宅であることを記録したことを伝える。
人感センサをもとに ユーザが在宅かを記録する	1. 人感センサが人の存在をシステムに通知する。 2. システムは在宅，不在を記録する。
エアコンの電源を ON/OFF する	1. システムは定期的にユーザが家に存在しているかどうかを推定する。 2. ユーザが家に存在しなければエアコンの電源を OFF にする。 3. ユーザが家に存在している，ないしは，近い将来帰宅するのであれば，エアコンの電源を ON にする。 4. 現在の状態をユーザに通知する。

10.3 実行環境の調査

ユースケース分析においてユースケース図，ユースケース記述を書くことで，システムがどのような機能を提供するかを整理した。これを実現に向けて詳細化していきたい。しかし，ユースケース分析ではシステムが提供する抽象的な機能のみを整理しており，実現に必要な詳細な情報については明らかにしていない。特に IoT や組込みシステムの設計におい

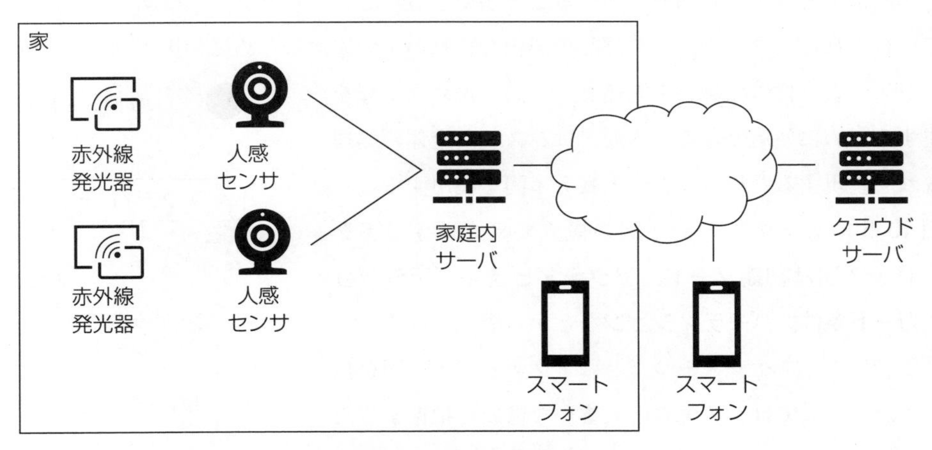

図 10.4　システム概要図

ては，どのようなハードウェアを使用するのか，オペレーティングシステムはなにを採用するのかといったことが，ソフトウェアを設計するうえでは大切なことである。そこで，つぎにこれらを調査，整理する。

教科書では具体的なプラットフォームを指定することはできないため，ユースケース分析した結果，実現可能そうなシステム構成をここでは想定する。**図 10.4** に想定したシステム概要図を示す。

今回のシステムで想定するデバイスを**表 10.2** に示す。

表 10.2　全館空調システム想定デバイス

名　前	用　途
タッチディスプレイ	ユーザが在宅，不在をシステムに伝える。また，システムの状態をユーザに通知するために使用する。
Wi-Fi	人感センサやクラウドサーバとの接続に使用する。インターネットに接続されていることを想定する。
赤外線発光器	エアコンを ON/OFF するために使用する。Wi-Fi で接続されている。
人感センサ	人間が存在しているかどうかを観測する。Wi-Fi で接続されている。
家庭内サーバ	家庭内の情報をとりまとめクラウドサーバに送信する。また，クラウドサーバからの指示を赤外線発光器に送信する。
クラウドサーバ	ユーザの在宅，不在を記録する。また，スマートフォンからの位置情報を記録する。これらの情報から空調の ON/OFF を決定する。

10.4　アクティビティ図

ここでは，ユースケース分析した結果を，システム概要に示したデバイス群を使用して実現するときの処理の流れを，**アクティビティ図**で表現する。

アクティビティ図とは手続きや処理の流れを図として記述するための図である。アクティビティ図はさまざまな範囲で記述することができる。アクティビティ図はあるコンピュータ上で実行されるソフトウェアの部品の詳細な振舞いを記述するために使用されることが多いが，システム全体の振舞いを記述し，人間も含めた手順を記述するために使用できる。本節ではシステム全体の処理の流れを表現するためにアクティビティ図を使用する。

図 10.5 にアクティビティ図の構成要素を示す。アクティビティ図は**初期ノード**，**アクティビティ**，**デシジョン**，**ガード条件**，**パーティション**などから構成される。

ここではユースケース一つごとにアクティビティ図を描く。また，ここではシステムの大まかな構成を把握するために描くので，システム全体の振舞いに着目をしてアク

アクティビティ

図 10.5　アクティビティ図の文法

ティビティ図を描く。どのように処理の詳細を実現するかについてはのちほど検討する。

図 10.6（a）に「エアコンの電源を ON/OFF する」，図（b）に「人感センサをもとにユーザが在宅かを記録する」ユースケースのアクティビティ図を示す。

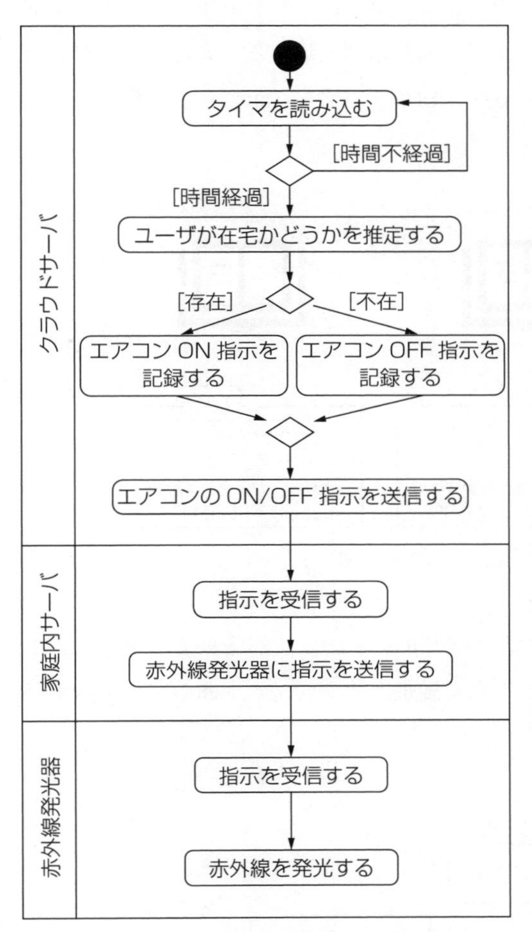

（a）　エアコンの電源を ON/OFF する

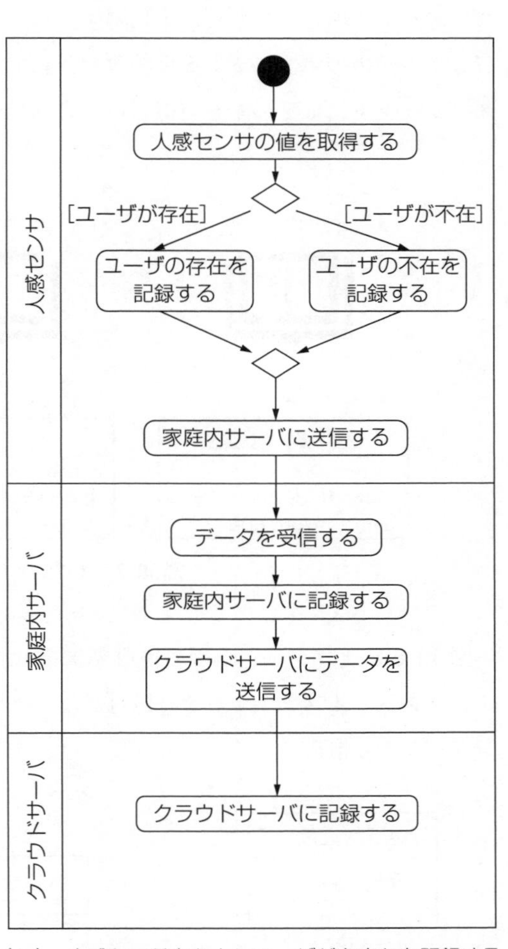

（b）　人感センサをもとにユーザが在宅かを記録する

図 10.6　アクティビティ図

10.5　オブジェクト図

アクティビティ図を描くことで，システムをどのように実現するかについて大まかに整理した。これをさらに詳細化し，ソフトウェア部品としてどのような部品が必要なのかを整理したい。すなわち設計をしたい。

まず，UML の**オブジェクト図**を用いてシステム全体の構成を描く。オブジェクト図はシステムを構成するソフトウェア部品，ハードウェア部品，データやそれら間の関係について，想定した状況における具体的な例を記述するための図である。

図 10.7 に現実世界の**オブジェクト**とオブジェクト図の例を示す。ここでは現実世界のオブジェクトである「本」と，本に関するデータをオブジェクト図として表現している。オブジェクト図中のオブジェクトは抽象化されて，ただの四角形で表現する。また，それぞれのオブジェクトにはその本を特徴付ける書名（name），ISBN，著者名（authors）が書かれている。

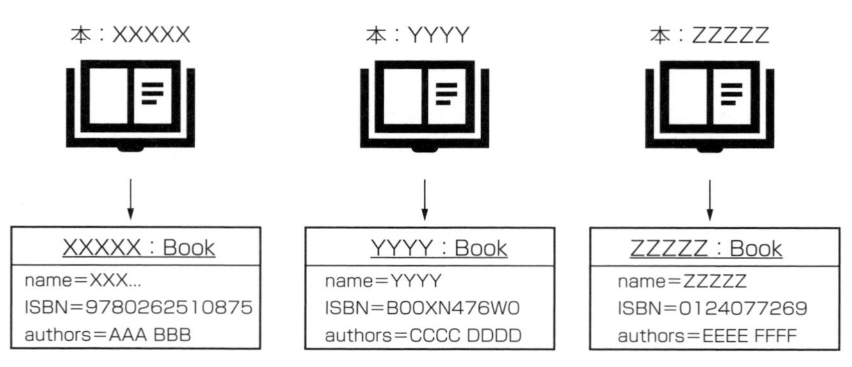

図 10.7　オブジェクトとオブジェクト図

図 10.8 にオブジェクト図の構成要素を示す。オブジェクト図は，部品やデータを表すオブジェクト，オブジェクトを特徴付けるデータである**属性**，オブジェクト間の関係を示す**リンク**などから構成される。

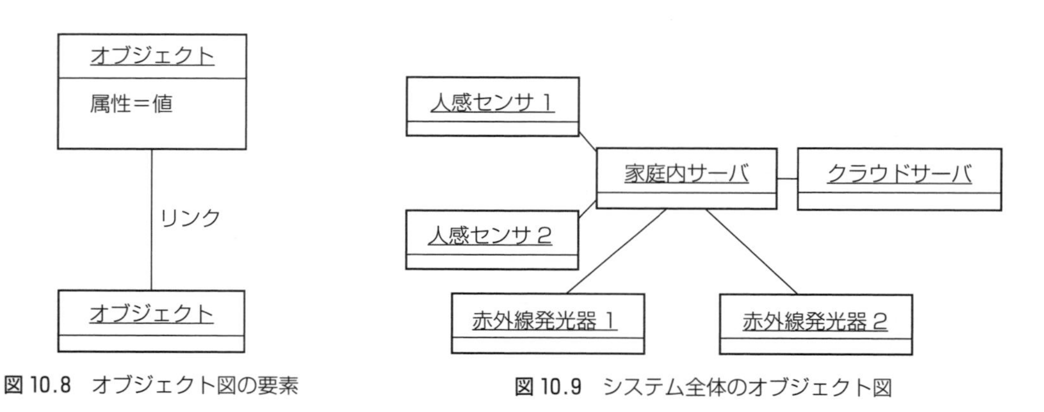

図 10.8　オブジェクト図の要素

図 10.9　システム全体のオブジェクト図

図 10.9 にシステムの全体像を表現したオブジェクト図を示す。ここでは人感センサ 2 個，赤外線発光器 2 個，そのほかは一つずつ使用したときのシステム全体の構成要素をオブジェクト図に表している。

つぎに人感センサやユーザからの指示を記録するためのデータに関するオブジェクト図を描いてみよう。**図 10.10** にこれらのオブジェクト図を示す。図の左半分に在宅状況，右半分に空調設定に関する記録をするためのオブジェクト群が描かれている。オブジェクト一つで記録一つである。この図の例では 5 分に 1 回，在宅状況や空調設定に関する記録がなされている。

これらのオブジェクト図以外にもソフトウェアとして実現する必要があるさまざまなオブジェクトについて検討する必要があるが，紙面の都合上割愛する。

在宅状況 1
時刻＝1/1 10:00
在宅か？＝True

空調設定 1
時刻＝1/1 10:00
ON か？＝True

在宅状況 2
時刻＝1/1 10:05
在宅か？＝True

空調設定 2
時刻＝1/1 10:05
ON か？＝True

在宅状況 3
時刻＝1/1 10:10
在宅か？＝False

空調設定 3
時刻＝1/1 10:10
ON か？＝True

在宅状況 4
時刻＝1/1 10:15
在宅か？＝False

空調設定 4
時刻＝1/1 10:15
ON か？＝False

図 10.10　データに関するオブジェクト図

10.6 ク ラ ス 図

オブジェクト図を描くことで，ソフトウェアやハードウェア，データに関するある状況における具体的な例を図示した。これらの情報は重要であるがそれらをハードウェアやソフトウェアとして実装するためには，具体例から共通の部分を抽出して整理する必要がある。抽出した結果を**クラス図**として表現する。クラス図とは同質なオブジェクトを**クラス**としてまとめた図面である。

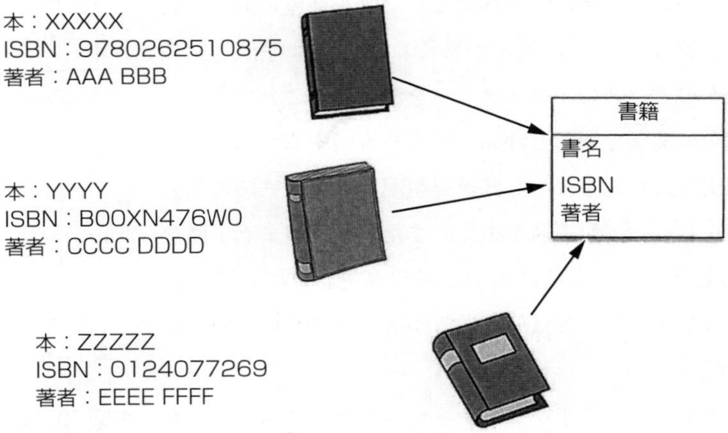

本：XXXXX
ISBN：9780262510875
著者：AAA BBB

本：YYYY
ISBN：B00XN476W0
著者：CCCC DDDD

本：ZZZZZ
ISBN：0124077269
著者：EEEE FFFF

書籍
書名
ISBN
著者

図 10.11　オブジェクトとクラス

図 10.11 にオブジェクトとクラスの関係を示す。この図ではオブジェクトとして前で説明した書籍を取り上げている。書籍を特徴付ける情報として書名，ISBN，著者があるが，これらのすべての書籍で取り扱うべき「共通の部分」を抽出し整理したのが，書籍クラスである。書籍クラスはある種の型であり，その型に当てはまる具体例が各書籍になる。この具体例のことを**インスタンス**と呼ぶ。

図 10.12 にオブジェクト図とクラス図の関係を示す。UML で記述された図は，規格に沿って抽象化するため，クラスもなんの変哲もない四角で表現する。オブジェクト図で記述されている共通の性質である，名前，ISBN，著者という属性を持つことを，クラスでも表現している。

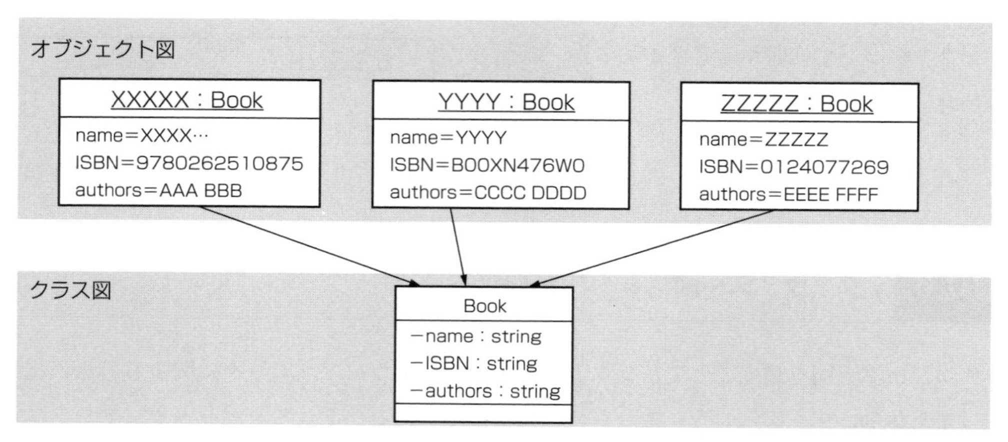

図 10.12　オブジェクト図とクラス図

図 10.13 にクラス図の文法を示す。各クラスには**名前**，属性群，操作群が書かれる。**属性**，**操作**はそれぞれ小部屋に分けて記述する。また，クラス間には関係がある。関係とは呼出し関係だったり，ほかのクラスのインスタンスを参照することであったりする。これらの関係を**関連**と呼ぶ。関連を説明するためのさまざまな情報が関連に付記される。関連を説明するために関連端名（ロール名），もしくは，関連名を書く。また，オブジェクト図をクラス図に抽象化する際に数に関する情報が失われてしまうため，紐付けられるインスタンは何個あるかという情報を示す多重度を関連端に記述する。

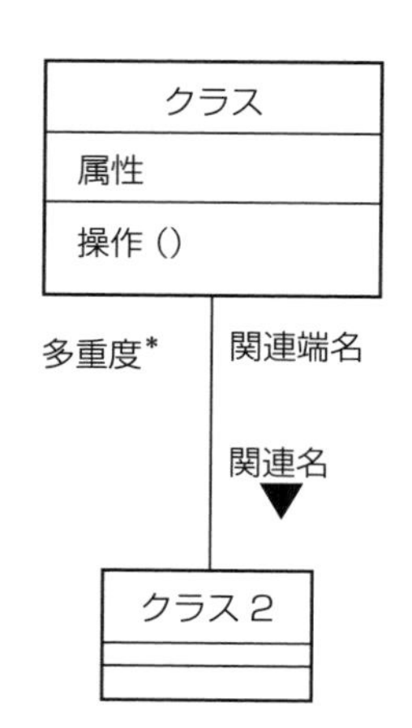

図 10.13　クラス図の文法

いままでに整理してきたオブジェクトたちをクラス図にしたものを**図 10.14** と**図 10.15** に示す。今回，システムの構成に関するオブジェクト図とデータに関するオブジェクト図の 2

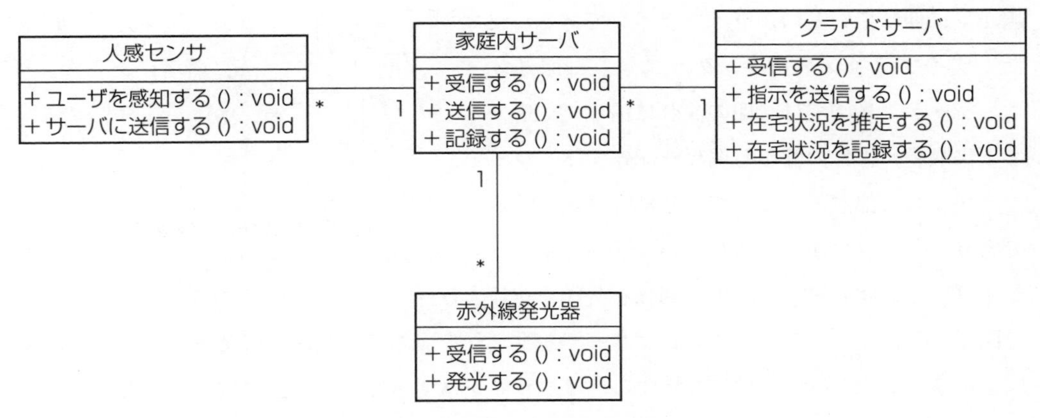

図 10.14　システム構成のクラス図

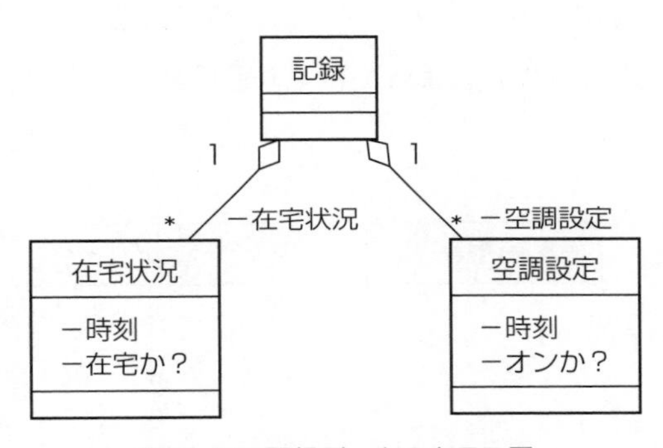

図 10.15　記録データのクラス図

種類を取り扱っているため，これらの2種類のクラス図を記述する必要がある。

10.7 シーケンス図

クラス図を描くことで，システム全体を構成するソフトウェアやハードウェア部品を抽出して整理，設計した。ここまでで抽出した部品たちで，ユースケース図，ユースケース記述で整理した要求を実現できるかどうかを確認したい。そのために**シーケンス図**を描く。シーケンス図ではシステム中のオブジェクトたちが，どのようにおたがいの操作を呼び出し合って仕事を成し遂げるかを記述する。もちろん，クラス図で各オブジェクトが持つべき属性や操作などのオブジェクトの仕様を定義しているので，シーケンス図中のオブジェクトはクラス図に沿っていなければならない。シーケンス図中のオブジェクトはクラス図で定義されているクラスのインスタンスであるはずである。

図 10.16 にシーケンス図の文法を示す。シーケンス図中に出てくる登場人物（インスタンス）をライフラインと呼ぶ。シーケンス図の上に「：クラス 1」「：クラス 2」と描かれ，点

線が下に伸びているのがライフラインである。また，ライフライン名は「：クラス名」と記述する。シーケンス図では時間の流れに沿って，上から下に順番に操作の呼出し関係を記述する。ライフラインの一部が太くなっている部分は実行仕様であり，メソッドが実行されている区間を示す。ライフライン間の操作の呼出し関係を矢印で記述する。

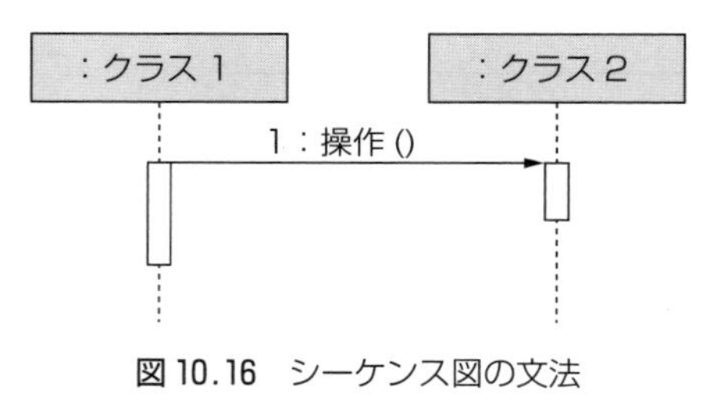

図 10.16　シーケンス図の文法

図 10.17 に「人感センサをもとにユーザが在宅かを記録する」ユースケースのシーケンス図を示す。シーケンス図中に登場するライフラインはすべてクラス図で定義されたクラスのインスタンスである。シーケンス図に出てくる操作はすべてクラス図で定義されていなければならない。もし足りない操作があったり，呼出し関係が論理的に記述できないところがあったりすれば，クラス図を（場合によってはより前段階の図を）修正したあと，シーケンス図を修正する。

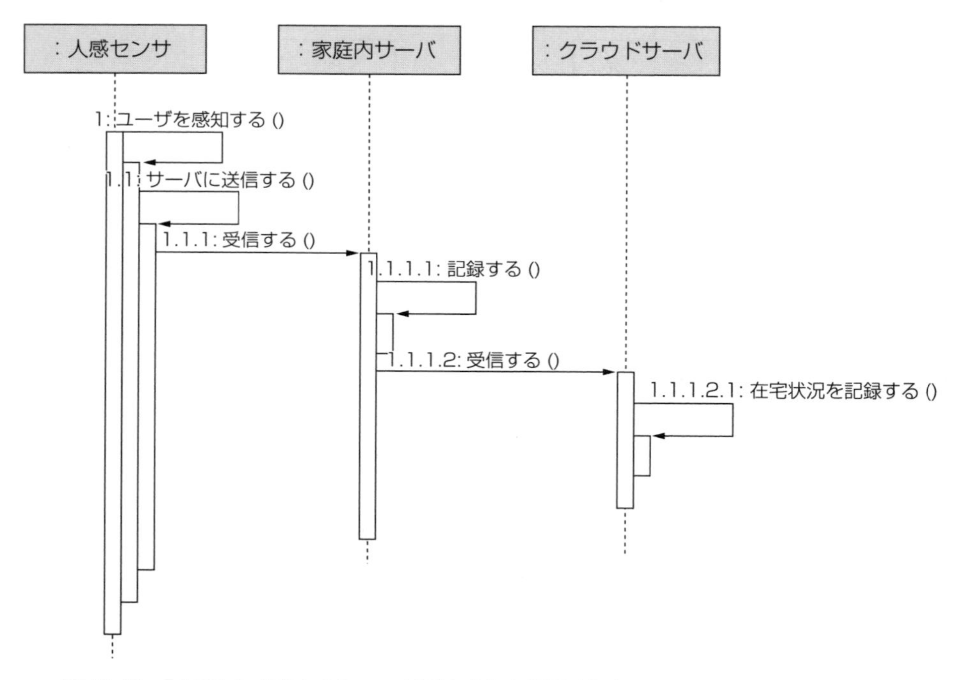

図 10.17　「人感センサをもとにユーザが在宅かを記録する」ユースケースのシーケンス図

本章では UML を使って IoT システムの 1 種である全館空調システムをモデリングした。UML の文法を学ぶだけではモデリングを学ぶことができない。本章でも手順に沿って解説したが，紙面の関係上十分ではない。実際の開発でモデリングする場合には巻末の引用・参考文献 1) などのより詳細な開発方法論を説明した参考書を参照されたい。また，UML の文法をしっかり理解するためには引用・参考文献 2) にあげた仕様書を参照すると良い。

章末問題

【10.1】「スマートフォンが家に近づいたら空調を ON にする」ユースケースのユースケース記述を書け。スマートフォンの位置情報が使えるものとし，あらかじめ設定された範囲にスマートフォンが入ったら，空調を ON にすることとする。

【10.2】床暖房の電源も制御したい。必要なアクタとユースケースを追加し，対応するユースケース記述を書け。

【10.3】「スマートフォンが家に近づいたら空調を ON にする」ユースケースのアクティビティ図を描け。

【10.4】ユーザの行動パターンを元に空調の ON/OFF を制御するために，スマートフォンが家に近づいた，スマートフォンが家から遠ざかったという情報を記録したい。図 10.9 を参考にこれらの情報を記録するためのオブジェクト図を描け。

【10.5】【10.4】で描いたオブジェクト図に基づいてクラス図を描け。

【10.6】「スマートフォンが家に近づいたら空調を ON にする」ユースケースを実現するために，図 10.13 にスマートフォンを追加せよ。

【10.7】【10.6】のクラス図に基づいて，「スマートフォンが家に近づいたら空調を ON にする」ユースケースのシーケンス図を描け。

第4部：IoTシステム事例

11. 高齢者の見守りシステム

少子高齢化のもと高機能なロボットサービスがますます重要となる。実現には機械・制御工学，情報通信工学，センサ工学，ソフトウェア工学など幅広い工学技術が必要となる。本節では，高齢者の見守りや声がけを行うロボットなど，高齢者福祉をテーマとし，IoTを応用した事例研究を紹介する。

キーワード：見守りシステム，見守りロボット，声がけロボット，高齢者介護

11.1 ロボットやセンサが接続した見守りシステム

将来において病院や介護施設などでは，見守りロボットや声がけ，歩行支援，コミュニケーションロボットが適材適所に配置され，通信でつながり，情報共有することが期待される（**図11.1**）。支援ロボットからの情報は，映像や生体情報など多岐にわたる。これらのロボットがネットワークに接続し，患者の状態の報告や分析することにより，人手不足に対応

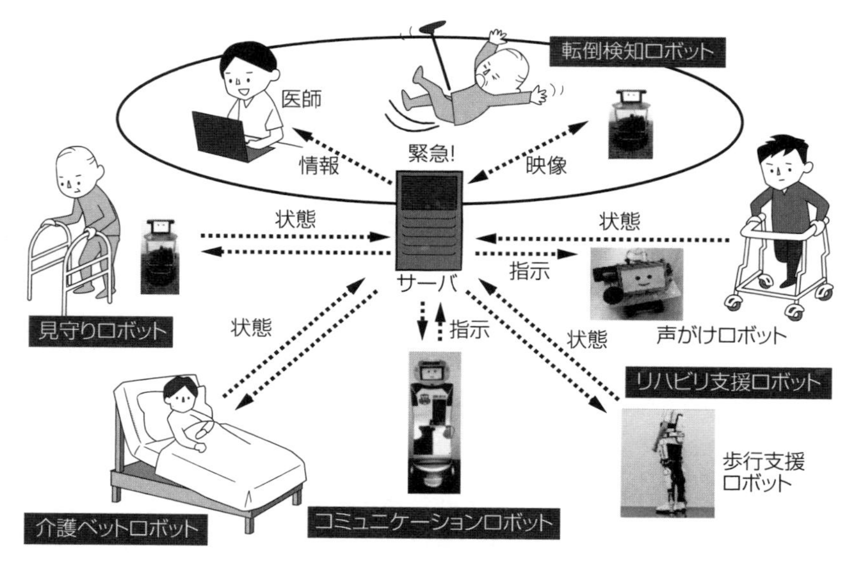

図11.1 医療・介護施設における見守りシステム

が可能となる。特に生命の維持管理に関わる情報は，緊急のデータの応答性能の保証など IoT にかかわる技術を統合して実現する。

11.2 IoT サービスの統合

IoT システムは全体としてのサービスのサイクルの検討が必要である。例えば，① **認知系**（センサ類），② **データ蓄積**，③ **データ分析**・解析（**機械学習**），④ 分析結果に応じた制御を組み込む。さらにリアルタイム性能，**耐故障性能**，**拡張性**（スケーラビリティ）などの非機能要件を検討することで，広範囲で汎用性の高い IoT システムが実現する。

11.3 介護施設における見守りシステム

介護施設等ではロボットによる歩行支援や，また介護者への追従，転倒検知，即時の通知，体調などのモニタリングなど多様な支援機能が求められる。ここでは追従型見守りロボット，リハビリ支援ロボットの具体例を紹介する。

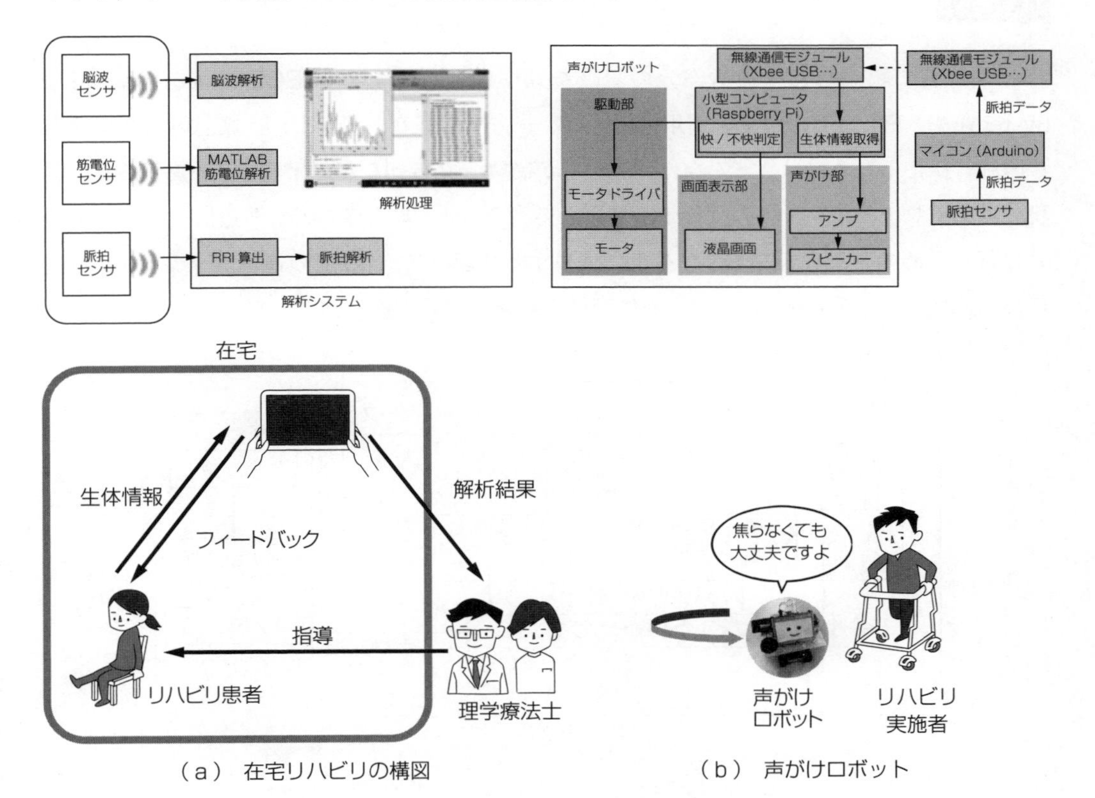

図 11.2 リハビリ時の負荷分析と，リハビリ時の声がけロボット

〔1〕 **見守りロボット**　見守りロボットは，対象となる高齢者を見守るための機能を有したロボットである。平常時は対象者と一定距離で，対象となる人を見守る追従移動型や固定位置での見守りシステムなどがある。追従型では転倒検知時に近接し，映像データをサーバに送るなど，遠近双方の機能が提案されている。こうしたロボットには認識系のセンサ（距離，深度，音声），制御系のセンサ（モータ），通信モジュールなどが搭載される。対象者との距離を一定に保つには，定期的に距離を計測し，一定距離の差分の演算を行い，移動や速度調整のための制御値を決定するなどの方法がとられる。人の移動に合わせた位置調整や回転制御により，追随がスムーズになるなどさまざまな工夫が可能である。

〔2〕 **生体情報を用いたリハビリ解析や声がけ支援ロボット**　リハビリ時に適切なリハビリであることを分析するための手法や，感情を考慮した声がけロボットなど新しいロボットが研究されている。適切なリハビリの判定のために筋肉や神経への負荷を筋電位や，心拍センサ値の分析により実現する。また，リハビリは精神的な困難も存在する。人の意欲を向上させるため，感情を考慮した声がけロボットが提案されている（**図11.2**）。

11.4　リアルタイム性能保証のためのミドルウェア技術

センサ値の読み出しや通信部分の隠蔽を効率的に行うために **ROS**（Robot Operating System）や，**RTミドルウェア**が用いられる。一方，見守りロボットが，緊急時に必ず警告を医師に伝えるためには，どんなにシステムが高負荷であっても実行できる必要がある。実現にはOSやミドルウェアの支援が必要となる。Dyasは緊急時のデータ送信をリアルタイムに行うための帯域保証をOSレベルで実現する仕組みで，OS上の通信バッファ（特に送信）の制御により負荷時の送信データの制御を可能とする（**図11.3**）。

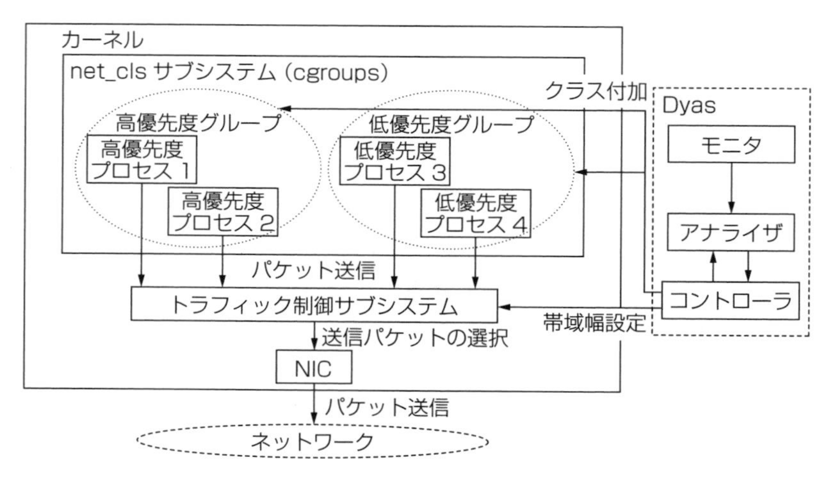

図11.3　DyasによるOSバッファの制御

例えばLinux (OS) では，ハードウエアの割込みはOS内部に実装された多段スケジューラで制御されており，送信データはこのスケジューラで制御される。Dyasによりタスクに優先度を与え，制御を変更する。このように，OSレベルでの支援の仕組みを利用してシステムを開発することにより，リアルタイム性能を実現する制御が可能となる。非機能要件を満たすことを検討するには，I/Oや割り込み制御を担うOSやミドルウエアでの支援や，言語そのものの仕組みを利用した工学の知識を効果的に利用することで，より高性能で信頼性の高いIoTシステムを構築可能である。

人とのインタフェースを持つロボットにおける人の行動にかかわるセンシングや解析処理は一般的に計算機への負荷がかかる。負荷軽減を目的としたFPGAの利用や非同期分散のソフトウェア開発ROSとの統合などの技術改善も研究されており，こうした技術の総合として技術的に人に優しいサービスなども可能となる。

章　末　問　題

【11.1】 高齢者の介護のために，どのようなIoTシステムが必要か考えよう。

【11.2】 【11.1】を実現するために，具体的な認知系センサ，データ蓄積方法，データ分析・解析方法，結果に応じた制御方法を検討しよう。

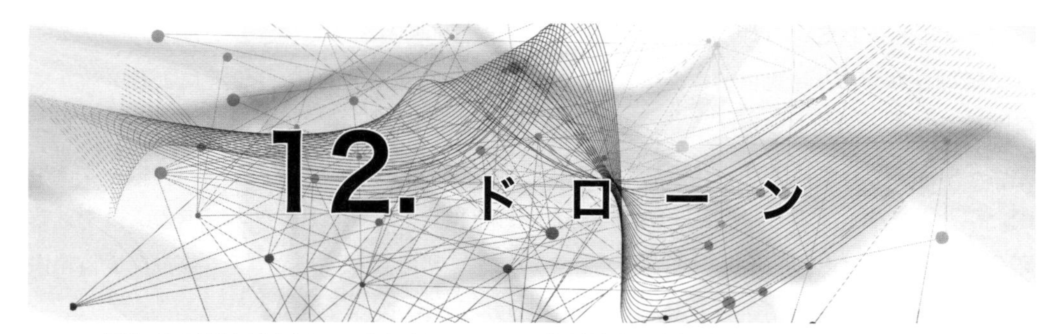

12. ドローン

近年その用途が広がってきたドローンは，機械技術と制御技術と通信技術の集合体である。従来のラジコン飛行機・ヘリコプタを組込み技術で自律化したものだとも言える。組み込み技術は，機体が飛行するための姿勢制御・高度制御だけでなく，自動航行するためのナビゲーション制御も担当している。また，これらのドローンで改良された技術を有人機に応用する空飛ぶ自動車も研究開発が進められている。これら複技術を内包するドローンは，次世代の IoT 機器として運送や自然保護などさまざまな用途で期待されている。すでにスマート農業の分野では作物の生育状況の調査にも使用されており，農薬散布の場所・時期の決定や収穫の判断に利用されている。本章ではドローンと関連技術について解説する。

キーワード：ドローン，UAV，UGV，UMV，ROV，無人機システム

12.1 ドローンとは

現在，**ドローン**という言葉はおもに**マルチコプタ**（**マルチロータヘリコプタ**：**多発型回転翼機**）を指しているが，広い意味では航空機以外も含めて遠隔操縦または自律で移動する機械のことを指す言葉である。ドローンの中には**無人航空機**（**UAV**：Unmanned Aerial Vehicle），**無人自動車**（**UGV**：Unmanned Ground Vehicle），**無人船**（**UMV**：Unmanned Marine Vehicle）や**無人潜水機**（**ROV**：Remotely Operated Vehicle）などが含まれる。このように，空を飛ぶ空中ドローン以外にも地上ドローンや水上ドローン，水中ドローンも存在しており，個人向けの機体の販売も広がりつつある。ここでは，空中ドローンを例として解説する。

12.2 ドローンの構造

図 12.1 に空中ドローンの一つであるマルチコプタ，DJI 社の Phantom4Pro を示す。この機体は専用のカメラを搭載しており，静止画と動画の空撮（航空撮影）が可能である。また，映像通信機も内蔵しており，リアルタイムでドローンからのカメラ映像を配信することも可能である。このタイプのドローンのおもな機能として，飛行機能，通信機能および撮影機能

がある。また，通信機能の中には遠隔操縦用通信と映像通信がある。

図 12.1　マルチコプタの例
〔DJI 社，Phantom4 Pro〕

図 12.2 にマルチコプタシステムの概略図を示す。マルチコプタは，飛行するための推力を発生させるプロペラロータ，プロペラロータを回転させるモータ，モータの回転速度を制御する **ESC**（Electric Speed Controller：電気式回転速度制御装置），飛行を制御する**フライトコントローラ**（**FC**：Flight Controller），通信装置，カメラの向きを制御するジンバル，カメラから構成されている。また，オペレータが使用する操縦用送信機であるコントローラや，地上側でマルチコプタの状態・位置の監視，映像の表示，自動航行データの設定などを行う**地上側制御装置**（**GCS**：Ground Control Sysytem，PC や携帯端末上のソフトウェアが多い）がある。

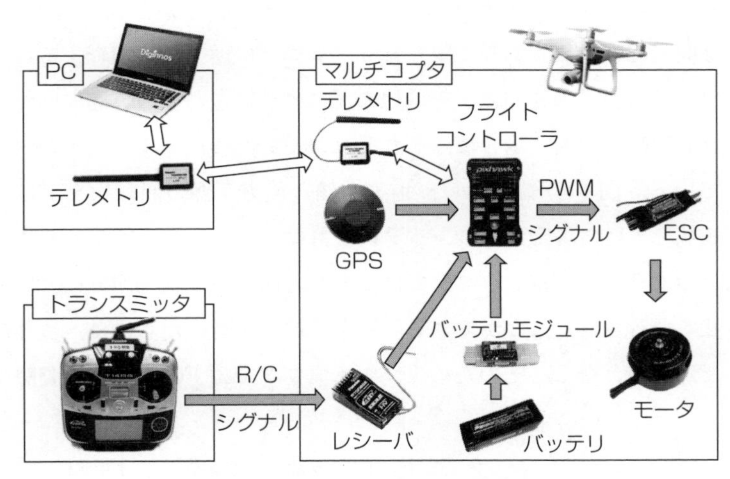

図 12.2　マルチコプタシステムの概略図

12.3　飛　行　制　御

例として，図 12.1 のマルチコプタの飛行方法について説明する。マルチコプタはモータに取り付けられたプロペラロータを回転させることで推力を発生させ，その推力により飛行を行う。**図 12.3** にその様子を示す。上下方向の運動については，推力の合力が機体に働く重力よりも大きくなれば上昇，釣り合えば空中での静止，小さくなれば降下を行う（図（a））。ということになる。水平移動として前方への移動について説明する。前方の二つの

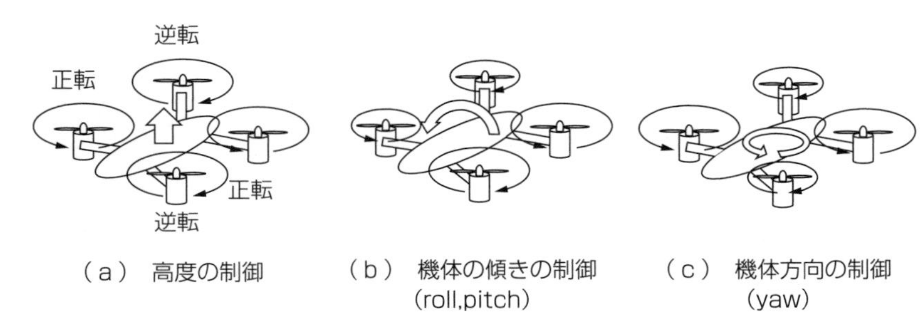

機体の傾きの制御，および高度の制御に推力を
機体方向の制御に反トルクを使用している。

図 12.3　推力によるマルチコプタの制御

プロペラの回転数を下げ，後方の二つのプロペラの回転数を上げると，前後の推力に差動がつき，これによるトルクで機体が前方に傾斜する。傾斜後にプロペラ回転数を前後とも同じに戻し，姿勢制御にてその傾斜を維持する。その結果，全体の推力は斜め前方を向く。この推力の水平方向成分により，機体は前進する（図（b））。これと同様に機体を傾斜させることで後方や左右への水平移動が行える。図 12.3 に示す 4 発型のマルチコプタは，対角線上のプロペラは同じ回転方法であり，隣り合うプロペラは逆方向に回転する。前方右側と後方左側のプロペラは右ねじの方向に，その他のプロペラは左ねじの方向に回転している。これらのプロペラの回転数が同じ場合は，それぞれのモータの反トルク同士が相殺し，機体の向きは静止している。図（c）のように，前方右側と後方左側の回転数を上げ，前方左側と後方右側の回転数を下げた場合，反動トルクの合計は左ねじの方向となり，機体は左方向に回転する。以上のように，マルチコプタではモータの回転数を制御することで機体の姿勢や位置を変化させて飛行さえることができる。実際に飛行を行うためには，機体の姿勢を維持・制御することが重要となる。そのため，マルチコプタでは FC によって姿勢や高度を制御する。

図 12.4 にフライトコントローラ（以下，FC）の構成例を示す。FC は，マイコンと機体の姿勢を検出する姿勢センサ（3 軸ジャイロセンサ，3 軸加速度センサ，3 軸地磁気センサから構成），高度を検出する高度センサ（気圧センサ等），位置を検出する GPS といったセンサから構成された組み込み装置であり，各センサからの情報を用いて機体を制御する。まず，姿勢センサを用いて機体の姿勢制御を行う。姿勢制御により，機体の傾斜を安定化・制御する。また，機体を傾斜させることで任意の方向に移動できる。FC は高度センサを用いて機体の高度を安定化・制御する。さらに FC は GPS からの位置情報を用いることで，風に対抗して機体の位置を保持したり自動航行を行うことができる。またテレメトリ装置を用いて地上に設置された GCS と通信し，現在の飛行状況を伝えたり，GCS からの操作を受け付ける。

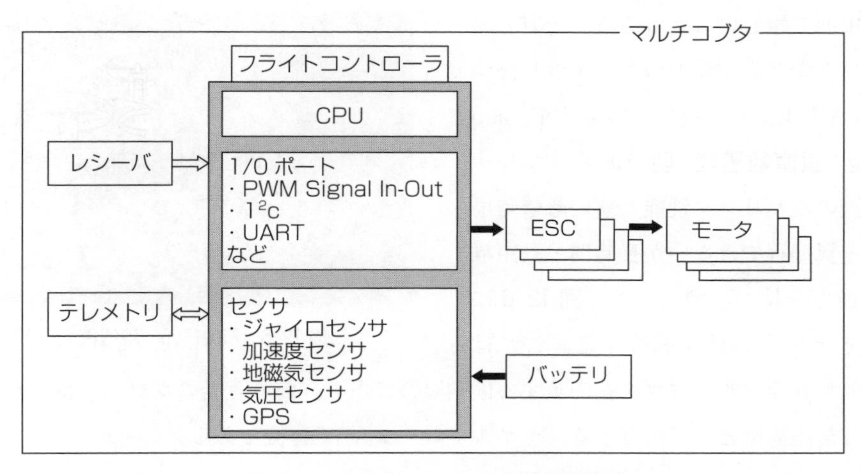

図 12.4　フライトコントローラの構成例

一方，マルチコプタを手動で操縦を行うためのコントローラは通信機でもある。Phantom4 では，コントローラはオペレータの操縦を機体に伝えるだけでなく，GCS からの命令や，GCS で作成した自動航行用データの送信を行ったり，機体に搭載されたカメラの映像を受信し，コントローラに接続されたモニタや情報端末に映像を映す。**図 12.5** にその例として，フリーウェア Mission Planner の動作画面を示す。これらの組込みシステムにより，ドローンは運用されている。

図 12.5　GCS の例（Mission Planner 動作画面）

12.4　各種ドローン

マルチコプタ型以外のドローンとしては，シングルロータヘリコプタ型がある。これはラジコンヘリに FC を取り付けたものであり，現在のところマルチコプタ型よりも飛行時間が長く，ペイロードも大きく上位互換と言える。さらに高速で長時間・長距離の飛行が可能なものとして，固定翼機型がある。これはラジコン飛行機に FC を搭載したものであり，飛行機の操舵を FC にて操作し姿勢制御を行うものである。しかし長い滑走路を必要とするため，運用面で難しいこともある。一方，マルチコプタ型と固定翼型の利点を併せ持つのが **VTOL**（Virtical Take-Off and Landing：**垂直離着陸**）**型**である。マルチコプタ型のホバリング性能と狭い離着陸場所，固定翼型程ではないが長時間・長距離の飛行能力を持つ。例として，**図 12.6** に FireFly6 という機体を紹介する。これは二重反転型 6 発マルチコプタを内蔵する固定翼機であり，前方 4 発のプロペラロータを傾けることで無尾翼機として飛行する，ティルトロータ VTOL 機である。

図 12.6　FireFly6　飛行機モード

12.5　ドローンの将来運用例

図 12.7 にドローンの将来運用例として，ドローンによる物流をあげる。この例は，徳島県と淡路島との間の鳴門海峡での物流を例としている。鳴門海峡の幅は約 1.4 km であるが，住居地域の間隔は 3 km 以上である。そのためこの区間のドローンによる物流を考えると，マルチコプタ型よりも VTOL 型が向いている。図は 4 発ティルトロータ型 VTOL による物流の例を示している。運送センターは専用の滑走路を持ち，ここを利用して VTOL は離着陸を行う。まず，荷主が配送センターに荷物を持ち込む。契約後，荷主は運送会社の Web サイトから運搬状況をリアルタイムで確認することができる。運送会社は運行管理システムを用いて，機体の現在位置のトラッキング，機体に対する各種コマンド（運航開始，一時停止，再開など）の発行，機体情報（姿勢，位置，バッテリ残量等）や機体搭載カメラ

図 12.7　将来運用例：ドローンによる物流

映像のモニタリングを行う。また，荷主からの荷物の受付，引き渡しや顧客への情報提供をWebサイトを通じて行う。

機体側は，運行管理システムからのコマンド受理や，各種情報の提供を行う。**図12.8**は顧客側の運行画面であり，顧客の荷物の配送状況が見える。一方，**図12.9**は運送会社の運行管理画面であり，配送センターの担当空域におけるすべての運搬ドローンの運行情報（現在地点，運行コース）が表示されている。これらはインターネット経由でアプリから閲覧できる。この元となる機体の位置情報は，リアルタイムで飛行中の機体から収集する。このように，ドローンと運行管理システムなどのモノがつながることで，顧客も配送センターも配送の様子（荷物の現在位置や到着予定時間など）をリアルタイムでモニタリングすることが可能となる。

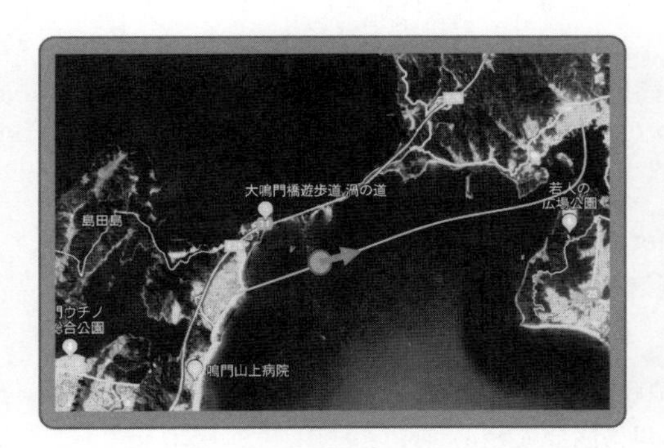

図12.8　ドローン物流における顧客用運行状況画面

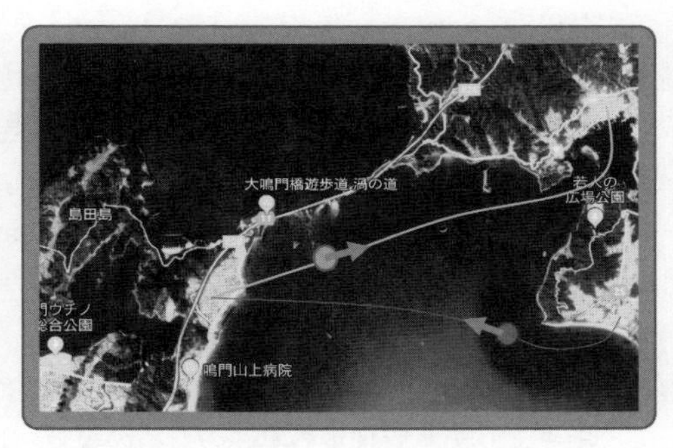

図12.9　ドローン物流における運送会社用運行状況画面

章　末　問　題

【12.1】　本章で述べた通り，ドローンの産業用途としては物流サービスが期待されているが，農薬散布や農産物の生育状況調査など，すでに実用化された用途もある。他のドローンを応用したサービスについてアイデアを記しなさい。

【12.2】　ドローンは便利なだけではなく，危険な側面もある。実際に人身事故の報告もある。ドローンの危険な側面について，物理的およびIoT機器として考察しなさい。

【12.3】　ドローンでは機体の制御にさまざまなアルゴリズムが使用されている。以下のアルゴリズムについて調査しなさい。

（1）　PID制御

（2）　フィードフォワード制御

（3）　拡張カルマンフィルタ

引用・参考文献

★0章

1) IoTの定義（国際標準）：https://standards.ieee.org/initiatives/iot/index.html
2) Dave Evans：The Internet of Things — How the Next Evolution of the Internet Is Changing Everything, CISCO White Paper (2011)
3) 村井　純ほか：IoTの衝撃―競合が変わる，ビジネスモデルが変わる―，ダイヤモンド社 (2016)
4) NHKスペシャル取材班：IoTクライシス―サイバー攻撃があなたの暮らしを破壊する―，NHK出版 (2018)
5) 八子知礼ほか：IoTの基本・仕組み・需要事項が全部わかる教科書，SBクリエイティブ (2017)
6) 三菱総合研究所：IoTまるわかり，日本経済新聞出版社 (2015)
7) 日経NETWORK：IoT最強の指南書，日経BP (2018)

★1章

1) A. S. Tanenbaum and D. J. Wetherall：Computer networks (5th edition), Prentice-Hall (2010)
2) 竹下隆史ほか：マスタリングTCP/IP 入門編（第3版），オーム社 (2002)

★2章

1) 日本工業規格：JIS Q 27002：2014 (ISO/IEC 27002：2013) 情報技術―セキュリティ技術―情報セキュリティ管理策の実践のための規範，日本規格協会 (2014)
2) 日本工業規格：JIS Q 13335-1：2006 (ISO/IEC 13335-1：2004) 情報技術―セキュリティ技術―情報通信技術セキュリティマネジメント―第1部：情報通信技術セキュリティマネジメントの概念及びモデル，日本規格協会 (2006)
3) サイバーセキュリティ基本法：https://elaws.e-gov.go.jp/search/elawsSearch/elaws_search/lsg0500/detail?lawId=426AC1000000104#A

★3章

1) 馬場敬信：コンピュータアーキテクチャ（改訂4版），オーム社 (2016)
2) パターソン&ヘネシー：コンピュータの構成と設計（第5版），日経BP社 (2014)
3) 柴山　潔：改訂新版コンピュータアーキテクチャの基礎，近代科学社 (2003)
4) A. S. Tanenbaum：オペレーティングシステム（第3版），ピアソンエデュケーション (2007)
5) ヘネシー&パターソン：コンピュータアーキテクチャ 定量的アプローチ（第6版），翔泳社 (2019)
6) Clay Breshears：並行コンピューティング技法 ―実践マルチコア/マルチスレッドプログラミング―，オライリージャパン (2009)

★4章

1) C. L. Liu, J. W. Layland：Scheduling Algorithms for Multiprogramming in a Hard Real-Time Environment, Journal of the Association for Computing Machinery, **20** (1), pp.46-61 (1973)
2) 白川洋充ほか：リアルタイムシステムとその応用，朝倉書店 (2001)

3)　Qing Li：リアルタイム組込み OS 基礎講座，翔泳社（2005）
4)　坂井弘亮：12 ステップで作る組込み OS 自作入門，カットシステム（2010）
5)　田中典翁：組み込みシステム実践入門―SH-4 と TOPPERS/JSP による組み込みシステムの構築―，カットシステム（2008）
6)　G. C. Buttazzo：Hard Real-Time Computing Systems：Predictable Scheduling Algorithms and Applications（Real-Time Systems Series）, Springer（2013）
7)　X. Fan：Real-Time Embedded Systems：Design Principles and Engineering Practices, Newne（2015）

★5章

1)　森川博之：データ・ドリブン・エコノミー，ダイヤモンド社（2019）
2)　石川　博：次世代データベースとデータマイニング，CQ 出版社（2005）
3)　原　隆浩：ビッグデータ解析の現在と未来，共立出版（2017）
4)　福島真太郎：データ分析プロセス，共立出版（2015）
5)　ハッル（著），山下純一（訳編）：数学のアイデア―甦るガウスの発想―，東京図書（1989）

★6章

1)　山崎弘郎ほか：計測技術の基礎，コロナ社（2009）

★7章

1)　古田勝久（編著）：メカトロニクス概論（改訂 2 版），オーム社（2015）
2)　白水俊次：ロボット工学，コロナ社（2009）
3)　渡辺嘉二郎ほか：ロボット入門，オーム社（2006）
4)　武藤高義（監修）：わかりやすい電気電子基礎，コロナ社（2011）
5)　土谷武士ほか：現代制御工学，産業図書（1991）

★8章

1)　平山　博ほか：電気回路論，電気学会（2008）
2)　原島　鮮：力学，裳華房（1985）
3)　足立修一：信号とダイナミカルシステム，コロナ社（1999）
4)　杉江俊治ほか：フィードバック制御入門，コロナ社（1999）
5)　汐月哲夫：線形システム解析，p.43，コロナ社（2011）
6)　美多　勉：非線形制御入門，昭晃堂（2000）

★10章

1)　ダグ・ローゼンバーグほか：ユースケース駆動開発実践ガイド，翔泳社（2007）
2)　Object Management Group：UML2.0 仕様書，オーム社（2006）

章末問題解答

★0章

【0.1】

（1） ×：タイマーと自動水栓のみで実現可能であり，インターネットにつながれていない。

（2） ○：複数のモノがインターネットにつながれているので正解。現在の自動車においても多数のコンピュータにつながれている。さらに，自動運転を可能にするためには，まず外部情報を得る必要がある。これらはインターネットにつながれたほかの自動車，路上センサ，人工衛星等から得た情報を総合的に利用する。さらに，自律的に判断するためにはこれらの情報を蓄積し，分析した結果も必要となる。

（3） ○：位置情報ゲームアプリは，多数のスマートフォンである物理的なモノがつながり，仮想的なモノである地図アプリ，天気アプリなどがつながりゲームができることから IoT である。

（4） ×：Industry 4.0 はドイツで提唱された。

（5） ×：オール電化ハウスは，台所やお風呂などの生活エネルギーをすべて電気でまかなうというシステムであり，インターネットにつながっているかどうかは関係ない。スマートハウスであるためには，インターネットにつながることでの付加価値が必要である。

【0.2】 （解答例） お天気サービス：気象衛星，街頭のお天気センサ，お天気アプリ利用者の情報などを統合して予測を行なっている。このように，複数のモノがインターネットにつながり一つのサービスを提供している例をあげること。

【0.3】 （解答例） お天気サービスの例では，気象衛星，街頭のお天気センサ，お天気アプリがモノであり，これらがインターネットにつながり，サービスを提供しているため，IoT と言える。

【0.4】 （ヒント） スマートウォッチは，インターネットにつながっていなくても時計機能を持つ。インターネットとつながることで，メールの到着などのサービスを受けることができる。ここでの解答は，インターネットにつながっていない時にも単独での機能を持ち，インターネットにつながることで，より価値が高まることを説明すること。

【0.5】 省略

★1章

【1.1】 （1） プロトコル：②， （2） LAN：①， （3） インターネット：①

【1.2】 1.7節で述べたように，IoT のどこで通信・ネットワークが利用されているかを認識すること，各ネットワークでどんなプロトコル群が利用されているかを知ること，送受信ノード間でどのような経路で通信が行われるかを認識することの3点は少なくとも知っておくべきである。

【1.3】 （解答例） ツリー型ネットワークの利点は，複数のノードを数珠つなぎにすることで広範囲なネットワークを容易に構築できることである。特に，通信距離が限られる無線ネットワークの場合にはバケツリレーのように通信を行うことが可能となり，通信範囲を拡大できる。一方で，バケツリレーを行うために通信エラーの影響を受けやすくなること，通信遅延が大きくなることが欠点である。

バス型ネットワークの利点は接続の容易さである。バスと呼ばれる線にノードを接続するだけでネットワークを構築できることから，大規模なネットワークを容易に構築できる。一方で，バス上を流れる電気信号が衝突すると通信できなくなるため，多数のノードが一つのバスを共用すると通信が衝突しやすくなるという欠点がある。

【1.4】（解答例）給湯器のリモコン：給湯器のリモコンは多くの場合に浴室とキッチンの2か所に設置されている。給湯器本体，浴室リモコン，キッチンリモコンの3か所で例えば以下のような通信が行われていると考えられる。

・浴室リモコン⇔キッチンリモコン：呼出しボタンや通話に関する通信

・浴室・キッチンモリコン⇔給湯器本体：お湯の温度設定

・給湯器本体→浴室・キッチンリモコン：残り湯量（事前湯沸かしタイプの場合）

・浴室湯量センサ→浴室・キッチンリモコン：風呂おけ湯量情報

【1.5】（解答例）通信の利用目的は多種多様である。利用目的に応じて通信に対する要求事項は異なる。例えば動画を転送する場合には高速通信が求められるし，ゲームの通信では遅延が小さいことが求められる。超小型 IoT 機器では低消費電力な通信が必要である。このような要求や追加の機能などを実現するためにさまざまな通信規格，プロトコルが存在する。

★2章

【2.1】省略。2.2.1 項と 2.2.2 項を復習すること。

【2.2】省略。2.2.3 項を復習すること。

【2.3】省略。図 2.3 を参考に考えよ。

【2.4】室内に設置したセンサ類やインターネット接続設備が稼働できなくなるので，サイバー的な対策の効果がなくなってしまうと考えられる。停電やネットワーク障害が発生を検知し，物理的な対策のみで対応できるよう対策機能を縮退するか，それが許容できなければ，サイバーセキュリティ対策を維持できるよう家庭用電源を用意する

【2.5】省略。2.2.6 項を参考に自由に考えよ。

★3章

【3.1】3.2 節を参照。

【3.2】入出力専用命令を設けなくてよいのでマイクロプロセッサのハードウェア規模を小さくすることができる。広大なメモリ空間にデバイスのアドレスを割り付けることができるので，多くのデバイスを使用することができる。など。

【3.3】（b），（a），（d），（c）

【3.4】ハードウェアタイマ，加速度センサを含むハードウェア構成図は省略。

① タイマデバイスに 1 ms 周期で割込み信号 #1 を発生するように指示をし，割込みハンドラ関数を登録する。

② 割込み信号 #1 の発生時に割込みハンドラ関数が呼ばれ，加速度センサから測定値を読み出し，メインメモリに書き込み，送出するパケットデータを作成する。

③ DMA コントローラに指示し，メインメモリからイーサネット通信デバイスに，加速度センサの値を含む送出するパケットデータを転送する。

④ その後，イーサネット通信デバイスに指示して，パケットを送出する。

【3.5】省略

【3.6】省略

★4章

【4.1】

ポーリング：状況を判断するために，順番にセンサや通信装置等に「問合せ」を行う方法である。

割込み：なにかの仕事をしている最中に，別の仕事が割り込んできたら，そちらを行うということ。

マルチタスク：複数のタスク（プロセス）が並行，同じ時刻に複数動いて見える，すなわち並行に動作するプログラミングのこと。

【4.2】

リアルタイム性：決められた時間内に，決められた仕事を終了する性質。

リアクティブ性：素早く反応する性質。

デッドライン：決められた時間のこと。

【4.3】

ポーリングの問題：複雑で予測困難な事態を引き起こす問題であり，例えば，センサの数が増え，センサごとに，取得した値によって複雑な処理をするような場合，一つのセンサの順番が来るまでに時間を要し，つぎの順番までの時間も不定になる。

割込みの問題：一方，割込みの場合は，順番は割り込まれた順番になってしまう。したがって，あらかじめ動作が予測できない問題が発生する。割込みが続いた場合，もとの処理がずっと待たされることになる。

【4.4】　図4.1の①～⑤をタスクとして考えること。

【4.5】　例えば，図0.1の健康管理サービスを参考にする。

★5章

【5.1】　解表5.1参照。

解表5.1

分　類	データ発生源	収集データ	ベネフィット
公共（交通）	交通設備，道路/地下道，ビル，人など	駅の混雑度，列車/バスの運行状況，道の混雑度，人の位置など	・災害時の避難誘導 ・交通渋滞の緩和
家庭（健康）	スマートフォン，ウェアラブル・デバイス，家電製品，住宅設備など	体温，脈拍，人の動き，室温・湿度，照度，音，家電製品の利用状況など	・健康予防 ・見守り
産業（工場）	工場のライン，製造装置，制御コンピュータ，出荷先設備の製品など	電流，圧力，流量，振動，位置，光度，画像，歩留まり，部品在庫，部品ロット，製品の運用状況	・予知保全によるダウンタイム短縮 ・不具合原因究明による品質改善

【5.2】

速度 x の平均値と標準偏差は227.2，30.6

高度 y の平均値と標準偏差は4 067.5，625.5

【5.3】　解図5.1参照。

【5.4】　解図5.2参照。

中心化変換後の速度 x の平均値と標準偏差は0，30.6

中心化変換後の高度 y の平均値と標準偏差は0，625.5

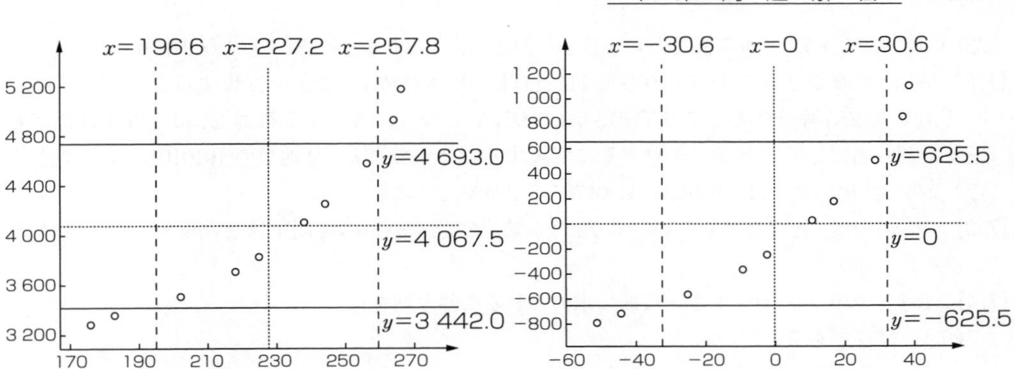

解図 5.1

解図 5.2

解図 5.3

中心化すると平均は 0 になるが標準偏差は変わらない。

【5.5】 解図 5.3 参照。

★6章

【6.1】 IoT システムを思いつかない場合，本書 0 章または 3 部，4 部から例を探すと良い。

【6.2】 (ｉ) と (iii) は目的とそのためにどういう手段で情報を伝えるか，という関係となっている。(ii) は選んだセンサによって難易度が異なるので，センサの選択に注意すること。

【6.3】 センサモジュールになじみがない場合，電子部品の通信販売や，センサ IC の半導体メーカーのサイトで探し，センサモジュールの仕様書を得て調べると良い。

【6.4】 前半は 6.6 節の定義を参照すること。後半は誤検知あるいは，検知漏れがあったときのシナリオに沿って，それぞれが多い/少ないことの良し悪しを考え述べること。

★7章

【7.1】 4 bit なので 2 進数の 0000〜1111，10 進数の 0〜15 を表現することができる。つまり，0〜5.0 V を 15 等分すると，5.0 V÷15≒0.333 V となり，各ビットに対し，0.333 V 間隔で電圧値を割り当てていくことでアナログ量に変換することができる。アナログ量の 2.4 V を電圧間隔で割ると，2.4 V÷0.333 V≒7.21 となり，10 進数の 7 以上，8 未満，2 進数の 0111 以上，1000 未満となる。よって，変換後のディジタル量は，0111 となる。また，ディジタル量 0111 は 2.

331 V (0.333 V×7) であることから，量子化誤差は，2.400 V－2.331 V＝0.069 V となる。

【7.2】 8 bit なので 2 進数の 00000000～11111111，10 進数の 0～255 を表現することができる。0～5.0 V を 255 等分すると 5.0 V÷15≒0.01961 V となり，各ビットに対し，0.01961 間隔で電圧値を割り当てていくことでアナログ量に変換することができる。2 進数の 10101010 は 10 進数の 170 なので，出力電圧は，0.01961 V×170≒3.334 V となる。

【7.3】 デューティ比は 3.6 V÷5 V＝0.72 となる。High (5 V) の時間 t は 20 ms×0.72＝14.4 ms となる。

【7.4】 IoT システムにおいても一般的に求められる条件と同様に

（1） 軽量であること。

（2） 目的に合わせた大きさであること。

（3） エネルギー変換効率が高く，省エネルギーであること。

（4） 目的に合わせた力・トルクが発生できること。

（5） 即応性，精度が優れていること。

（6） メンテナンスしやすく，故障しにくいこと。

（7） コストパフォーマンスが良いこと。

などが条件となる。いずれにおいても，IoT システムに求められる性能，仕様により，重視される条件は変わる。

【7.5】 ドローンに搭載されている各種センサを用いて自動で制御する場合は，高度および位置の目標値と，高度センサおよび GPS の値を比較しながら制御する必要があるので，フィードバック制御を行う必要がある。ドローンの特性（重量，推進力，慣性モーメント，バッテリ残量など）を利用することで フィードフォワード制御も可能だが，風の向きや強さによる外乱が大きいため，フィードバック制御に比べて著しく正確性が劣る。

一方，操縦者が目視しながらコントローラを用いて手動で制御する場合は，操縦者が高度および位置を決定し，コントローラを通じてドローンに指令を出す。そのため，操縦者からの指令に対して即応性が求められる。よって，フィードフォワード制御が向いている。フィードバック制御を利用するためには操縦者が高度および位置の目標値を入力する必要があり，手間と時間を要するため向いていない。

★8章

【8.1】 ラプラス変換の積分区間 $(0,\infty)$ で $f(t)=1$ なので

$$\int_0^\infty 1\times e^{-st}dt=\left[\left(-\frac{1}{s}\right)e^{-st}\right]_0^\infty=\left(-\frac{1}{s}\right)(0-e^0)=\frac{1}{s}$$

となる。ただし，s は $\lim_{t\to\infty} e^{-st}=0$ が成立することを仮定している。

$s=\sigma+j\omega$ とおくと $|e^{-st}|=e^{-\sigma t}$ なのでこの収束条件は $\sigma>0$ となることがわかる。

【8.2】 部分積分の公式，ラプラス変換の定義，および前問の s の条件に注意すると以下のように導出できる。

$$\begin{aligned}\int_0^\infty f'(t)e^{-st}dt&=[f(t)e^{-st}]_0^\infty-\int_0^\infty f(t)(-s)e^{-st}dt\\&=f(t)e^{-st}\big|_{t=\infty}-f(t)e^{-st}\big|_{t=0}+s\int_0^\infty f(t)e^{-st}dt\\&=0-f(0)+F(s)\end{aligned}$$

【8.3】 省略。微分の定義に基づいて変形すると自然に導出できる。

【8.4】 解表 8.1 参照。

解表 8.1

	伝達関数モデル	状態空間モデル (A,B,C)
直列結合	$G_2(s)G_1(s)$	$\begin{bmatrix} A_1 & 0 \\ B_2C_1 & A_2 \end{bmatrix}, \begin{bmatrix} B_1 \\ 0 \end{bmatrix}, [0 \;\; C_2]$
並列結合	$G_1(s)+G_2(s)$	$\begin{bmatrix} A_1 & 0 \\ 0 & A_2 \end{bmatrix}, \begin{bmatrix} B_1 \\ B_2 \end{bmatrix}, [C_1 \;\; C_2]$
フィードバック結合	$\dfrac{G_1(s)}{1+G_1(s)G_2(s)}$	$\begin{bmatrix} A_1 & -B_1C_2 \\ B_2C_1 & A_2 \end{bmatrix}, \begin{bmatrix} B_1 \\ 0 \end{bmatrix}, [C_1 \;\; 0]$

★9章

【9.1】 家の構造，家族構成，季節，天気，時間，在宅状況を想定して，例えば，つぎのようなシナリオが考えられる。

「大学生の私は，夏休みなので，今日は家にいる。家族と朝ごはんを1階のダイニングで済ませ，2階の自分の部屋へ行った。家族は皆出かけてだれもいないので，1階の空調はオフになり，2階の私の部屋は快適な温度になったので，勉強を始めた。今日は暑いので，家族が帰ってくる時間になると，1階の空調もオンになり，帰ってきた家族は快適な温度に一息つくことができた。」

このシナリオから，この全館空調システムは，人のいる場所や帰宅時間を使って，効率良く仕事をする機能を持っていることがわかる。実際の利用状況の具体的なシナリオを考えてみると，気になるところを見つけやすくなるので，いろいろと試してほしい。

【9.2】 全館空調システムでは，「部屋の中に人がいるかいないか」，「家族がそろそろ帰宅する」という情報を取得し，部屋ごとの温度調節を行っている。ある時間にその家の各部屋に人がいるかいないか，ある時間に人がその家の近くにいる，という情報を管理していることになる。これらの情報が，この家族の個人情報であり，不特定多数の人がアクセスできるべきものではない。温度を決定するための，室温，外気温等と異なり，悪用すれば，この家がいま，不在であることや特定の人がいま，帰宅途中であることを知ることができ，盗難等の被害が生じる可能性がある。

★10章

省略

★11章

【11.1】 一例は図 11.1 に示した。これを参考に検討すると良い。

【11.2】 認知系センサで距離や声を認識することができる。これらのデータをソケット通信などでサーバに送り，データ蓄積する。データ分析・解析方法はサービスの目的によるが，見守りなどの場合，地図生成などはサーバのリソースを用いた方が高性能となる。

★12章

省略

索　　引

―― 編著者略歴 ――

渡辺　晴美（わたなべ　はるみ）
1990 年　東京工科大学工学部情報工学科卒業
1990 年　日本電気マイコンテクノロジー株式会社勤務
1995 年　東京工科大学大学院工学研究科修士課程修了（システム電子工学専攻）
1998 年　東京工業大学大学院情報理工学研究科博士課程修了（システム電子工学専攻）
博士（工学）
2004 年　東海大学講師
2011 年　東海大学教授
現在に至る

久住　憲嗣（ひさずみ　けんじ）
1997 年　福井工業高等専門学校電子情報工学科卒業
1997 年　信州大学工学部情報工学科編入学
1999 年　信州大学工学部情報工学科卒業
2001 年　奈良先端科学技術大学院大学情報科学研究科博士前期課程修了
2004 年　九州大学大学院システム情報科学府博士後期課程修了（情報工学専攻）
博士（工学）
2004 年　科学技術振興機構研究員
2005 年　九州大学特任講師
2008 年　九州大学准教授
現在に至る

今村　誠（いまむら　まこと）
1984 年　京都大学工学部数理工学科卒業
1986 年　京都大学大学院工学研究科修士課程修了（数理工学専攻）
1986 年　三菱電機株式会社勤務
2008 年　博士（情報科学）（大阪大学）
2016 年　東海大学教授
現在に至る

つながる！ 基礎技術　IoT 入門
― コンピュータ・ネットワーク・データの基礎から開発まで ―
Internet of Things for Beginners:
Computer Architecture, Networks, Data and Software Model

2020 年 1 月 20 日　初版第 1 刷発行　★

検印省略

編著者　渡　辺　晴　美
　　　　今　村　　　誠
　　　　久　住　憲　嗣
発行者　株式会社　コロナ社
　　　　代表者　牛来真也
印刷所　新日本印刷株式会社
製本所　有限会社　愛千製本所

112-0011　東京都文京区千石 4-46-10
発行所　株式会社　**コロナ社**
CORONA PUBLISHING CO., LTD.
Tokyo Japan
振替 00140-8-14844・電話(03)3941-3131(代)
ホームページ　https://www.coronasha.co.jp

ISBN 978-4-339-02900-0　C3055　Printed in Japan　（松岡）